普通高等教育"十四五"规划教材

冶金工业出版社

矿物加工过程
数据处理与分析

主　编　孙小路　周春侠　朱子祺
副主编　秦雪聪　刘利波

随书源码

北　京

冶金工业出版社

2025

内 容 提 要

本书围绕矿物加工过程模拟与优化时可能遇到的常见任务，介绍了数据结构、数据加载、数据预处理、数据可视化等基础操作，以及线性回归、支撑向量机、聚类分析和神经网络等数据分析方法。

本书可作为高等院校矿物加工工程专业本科生和研究生的教学用书，也可供广大选矿工程技术人员参考阅读。

图书在版编目（CIP）数据

矿物加工过程数据处理与分析／孙小路，周春侠，朱子祺主编. -- 北京：冶金工业出版社，2025. 5.
（普通高等教育"十四五"规划教材）. -- ISBN 978-7
-5240-0230-7

Ⅰ. TD9

中国国家版本馆 CIP 数据核字第 20250K2T07 号

矿物加工过程数据处理与分析

出版发行 冶金工业出版社		**电　话**	（010）64027926
地　址 北京市东城区嵩祝院北巷 39 号		**邮　编**	100009
网　址 www. mip1953. com		**电子信箱**	service@ mip1953. com

责任编辑　郭雅欣　美术编辑　彭子赫　版式设计　郑小利
责任校对　葛新霞　责任印制　禹　蕊
三河市双峰印刷装订有限公司印刷
2025 年 5 月第 1 版，2025 年 5 月第 1 次印刷
787mm×1092mm　1/16；9.75 印张；231 千字；145 页
定价 **39.00 元**

投稿电话　（010）64027932　投稿信箱　tougao@cnmip. com. cn
营销中心电话　（010）64044283
冶金工业出版社天猫旗舰店　yjgycbs. tmall. com
（本书如有印装质量问题，本社营销中心负责退换）

前　言

新一代信息技术中，以大数据、物联网、云计算、数据挖掘为代表的数据科学与技术逐渐成为各领域关注的焦点，其应用范围涵盖信息、地理、生物、能源、医药等多个学科。随着我国对矿物资源开发力度的不断加大及矿物加工技术水平的不断提升，矿物加工过程的数据处理与分析技术迎来了新的发展机遇，同时也面临着更高的要求。

本书以任务驱动的方式介绍了数据处理、分析和机器学习的基本方法，每一章节均配有丰富的示例和解决方案，旨在帮助读者解决矿物加工过程模拟与优化的常见问题。本书共13章，第1章介绍了常见的数据类型、数据结构及基本的数据处理和运算方法；第2章介绍了不同数据类型的加载方法；第3~4章详细阐述了数据清洗、转换、标准化及可视化，为后续的数据分析与机器学习奠定基础；第5~11章深入探讨了回归分析、分类、聚类等传统机器学习算法；第12章解析了神经网络的原理和架构，并介绍了如何使用Keras框架构建和训练深度学习模型；第13章讲解了如何在训练完成后保存模型，以及如何在不同的环境中加载和应用模型。此外，本书提供了复习思考题，鼓励读者通过实践来深化理解。

本书由孙小路、周春侠、朱子祺担任主编，秦雪聪、刘利波担任副主编。其中，第1~5章、第12~13章由孙小路和周春侠共同编写；第6~11章由朱子祺和秦雪聪共同编写；全书案例和数据由刘利波编写；书中所有代码实例由课题组研究生郝业硕和武怡晶进行了规范、复审及上机通过。

本书的出版得到了内蒙古工业大学研究生教育教学改革项目（YJG2024018）和内蒙古工业大学专创融合课程资助项目（ZC2023042）的支持，在此表示衷心的感谢。

由于编者水平所限，书中不足之处，恳请广大读者批评指正。

编　者
2024年10月

目　　录

1 常见数据结构与基本运算

数据处理是指对采集到的数据进行加工整理，形成适合数据分析的样式，保证数据的一致性和有效性，它是数据分析前必不可少的阶段。常见的数据类型包括整数、布尔值、字符、浮点数、表示字母数字的字符串等。在数据处理过程中常用的数据结构主要包括向量、矩阵、数组等。

NumPy 是 Python 的一种开源数值计算扩展，可用来存储和处理大型矩阵，支持大量的维度数组与矩阵运算，此外也针对数组运算提供大量的数学函数库。本章主要介绍矿物加工过程数学分析时常见数据结构的创建与基本操作。

1.1 向 量

某浮沉试验各密度级产物的产率和灰分见表 1-1，请分别创建一个向量存储产率和灰分值。

表 1-1 50~0.5 mm 粒级原煤浮沉试验综合表

| 密度级 /kg·L⁻¹ | 产率 /% | 灰分 /% | 累 计 | | | | 分选密度 (±0.1) | |
| | | | 浮物 | | 沉物 | | | |
			产率 /%	灰分 /%	产率 /%	灰分 /%	密度 /kg·L⁻¹	产率 /%
<1.30	48.00	5.30	48.00	5.30	100.00	28.41	1.30	58.30
1.30~1.40	10.30	9.26	58.30	6.00	52.00	49.75	1.40	18.00
1.40~1.50	7.70	23.10	66.00	7.99	41.70	59.75	1.50	11.70
1.50~1.60	4.00	40.00	70.00	9.82	34.00	68.05	1.60	5.75
1.60~1.80	3.50	47.50	73.50	11.62	30.00	71.79	1.70	3.50
>1.80	26.50	75.00	100.00	28.41	26.50	75.00		

方 案

使用 NumPy 创建一个一维数组：

```
# 加载库
import numpy as np
# 创建一个行向量
row_vector_yield = np.array([48.00,10.30,7.70,4.00,3.50,26.50])
row_vector_ash = np.array([5.30,9.26,23.10,40.00,47.50,75.00])
```

讨　论

NuｍPy 的主要数据结构是多维数组。要创建一个向量，只需简单创建一个一维数组即可。与向量相似，对这些数组能水平地（也就是行）或垂直地（也就是列）表示。

```
# 创建一个列向量
column_vector_ash = np. array([[5. 30],
                               [9. 26],
                               [23. 10],
                               [40. 00],
                               [47. 50],
                               [75. 00]])
```

使用 reshape 方法将一维数组转换为列向量，具体如下：

```
column_vector_ash = row_vector_ash. reshape(-1,1)
```

在这个例子中，reshape(-1, 1) 将一维数组转换为列向量，将 vector_row 的形状从（n,）改变为（n, 1），即从行向量变为列向量。-1 是 NumPy 中的一个特殊值，它告诉 NumPy 会自动计算这个维度的大小，使得数组的总元素数量保持不变。

1.2　矩　　阵

根据表 1-1 数据，创建一个矩阵存储灰分和产率。

方　案

使用 NumPy 创建一个二维数组：

```
# 创建一个矩阵
matrix_ash = np. array([[48.00,5.30],
                        [10.30,9.26],
                        [7.70,23.10],
                        [4.00,40.00],
                        [3.50,47.50],
                        [26.50,75.00]])
```

注：此例在运行时需要加载 Numpy 库。

讨　论

可以通过创建一个 NumPy 二维数组来创建一个矩阵，上述方案中的矩阵有六行两列。以下是使用 NumPy 创建矩阵的一些基本方法，可以根据自己的需求选择适合的方法。

```
# 创建一个 3×4 的全零矩阵
zero_matrix = np. zeros((3,4))
# 创建一个 2×2 的全一矩阵
ones_matrix = np. ones((2,2))
# 创建一个 3×3 的单位矩阵
```

```
identity_matrix = np. eye(3) #主对角线元素为1,其余元素为0的方阵。
# 创建一个 2×3 的随机矩阵,元素是 0 到 1 之间的随机数
random_matrix = np. random. rand(2,3)
# 创建一个 2×2 的随机矩阵,元素是标准正态分布的随机数
normal_matrix = np. random. randn(2,2)
# 创建一个对角矩阵,对角线上的元素是 1,2,3
diagonal_matrix = np. diag([1,2,3])
```

1.3 选 择 元 素

选择第 1.1 节和第 1.2 节生成的向量、矩阵的一个或多个数据进行操作。

方　案

```
# 选择 row_vector_ash 向量的第三个元素
row_vector_ash[2]
```

23. 1

```
# 选择 matrix_ash 的第二行第二列
matrix_ash[1,1]
```

9. 26

讨　论

在 Python 中,NumPy 数组的索引编号是从 0 开始的,这意味着第一个元素的下标是 0 而不是 1。此外,NumPy 还提供了很多方式来选取元素或数组中的一组元素,即索引和切片:

```
# 选取一个向量的所有元素
row_vector_ash[:]
```

array ([5. 3,9. 26,23. 1,40. ,47. 5,75.])

```
# 选取从 0 开始一直到第 3 个(包括第 3 个)元素
row_vector_ash[:3]
```

array ([5. 3,9. 26,23. 1])

```
# 选取第 3 个元素之后的所有元素
row_vector_ash[3:]
```

array ([40. ,47. 5,75.])

选取最后一个元素
row_vector_ash[-1]

---

75. 0

选取矩阵的第 1 行和第 2 行及所有列
matrix_ash[:2,:]

---

array ([[48. ,5.3],
　　　　[10.3,9.26]])

1.4　矩　阵　属　性

查看 matrix_ash 矩阵的形状、大小和维数。

方　案

使用 shape、size 和 ndim 函数查看 matrix_ash 矩阵的形状、大小和维数：

查看行数和列数
matrix_ash. shape

(6,2)

查看元素的数量(行数 * 列数)
matrix_ash. size

12

查看维数
matrix_ash. ndim

2

讨　论

虽然这些操作看起来很简单，但是在做下一步计算之前或在某个操作之后，简单检查一遍数组的形状和大小是很有价值的。

1.5 矩 阵 统 计

计算 matrix_ash 矩阵/数组的一些描述性统计值。

方 案

使用 NumPy 的 mean、var 和 std 计算 matrix_ash 矩阵/数组的一些描述性统计值：

```
# 返回灰分平均值
np.mean(matrix_ash[:,1])
```

33.36

```
# 返回方差
np.var(matrix_ash[:,1])
```

575.2266666666666

```
# 返回标准差
np.std(matrix_ash[:,1])
```

23.983883477591085

讨 论

除使用 mean、var 和 std 外，也可以使用 max 和 min 求解数组的最大值或最小值，也可以计算出整个矩阵或其中一个坐标轴的描述性统计值：

```
# 返回最大的元素
np.max(matrix_ash)
```

75.0

```
# 返回最小的元素
np.min(matrix_ash)
```

3.5

```
# 求每一列的平均值
np.mean(matrix_ash,axis=0)
```
----
array([16.66666667,33.36])

加权均值是将每个数据点都乘一个相应的权重，然后计算这些加权数据点的总和，最后再除以所有权重的总和。这种方法允许不同数据点对平均值有不同的影响程度，这取决于它们各自的权重。

可以使用 average 函数求出表 1-1 灰分相对产率（权重）的加权平均灰分：

```
# 求灰分列的加权平均值
np. average( matrix_ash[ :,1] , weights = matrix_ash[ :,0] )
```

28. 413980000000002

注：这里 weights 参数是带求加权均值数组的权重数组。如果 weights 为 None，则假定所有数据的权重都相同，这相当于计算普通的算术平均值。

对于浮物或沉物累计，可以使用 cumsum 函数结合 flip（翻转）函数计算：

```
# 求浮物累计产率
float_cum_yield = np. cumsum( row_vector_yield)
# 求沉物累计产率
sink_cum_yield = np. flip( np. cumsum( np. flip( row_vector_ash) ) )
```

这里，flip( ) 函数可以实现矩阵反转，其 axis 参数为 0 时，沿列翻转，为 1 时沿行翻转。一维数组时不需要指定。

1.6 矩 阵 运 算

矩阵运算是将两个矩阵相加、相减、相乘。

方 案

使用 NumPy 的 add、subtract、dot 函数进行矩阵相加、相减、相乘运算：

```
# 加载库
import numpy as np
# 创建一个矩阵
matrix_a = np. array ( [ [ 1,1,1] ,
                        [ 1,1,1] ,
                        [ 1,1,2] ] )
# 创建另一个矩阵
matrix_b = np. array ( [ [ 1,3,1] ,
                        [ 1,3,1] ,
                        [ 1,3,8] ] )
# 将两个矩阵相加
np. add( matrix_a, matrix_b)
```

array ([[2,4,2] ,
     [2,4,2] ,
     [2,4,10]])

```
# 将两个矩阵相减
np. subtract( matrix_a , matrix_b)
```

```
array ([[0,-2,0],
       [0,-2,0],
       [0,-2,-6]])
```

```
# 创建一个矩阵
matrix_a = np. array ([[1,1],
                      [1,2]])
# 创建另一个矩阵
matrix_b = np. array ([[1,3],
                      [1,2]])
# 将两个矩阵相乘
np. dot( matrix_a , matrix_b)
```

```
array ([[2,5],
       [3,7]])
```

讨 论

还可以简单地使用 "+" 和 "-" 操作符来实现矩阵的相加或相减。如果想将两个矩阵对应的元素相乘，则需要使用 "*" 操作符。

```
# 将两个矩阵相乘
matrix_a @ matrix_b
```

```
array ([[2,5],
       [3,7]])
```

```
# 让两个矩阵对应的元素相乘
matrix_a * matrix_b
```

```
array ([[1,3],
       [1,4]])
```

1.7 数 组 索 引

数组索引是为数组创建行名和列名。

方 案

使用 Pandas 库，其主要数据结构是 Series（一维数据）与 DataFrame（二维数据），这里 DataFrame 是一种二维表。DataFrame 的单元格可以存放数值、字符串等，这与 Excel 表很像，同时 DataFrame 可以设置列名 columns 与行名 index。

```
# 加载库
import pandas as pd
import numpy as np
# 使用 numpy 创建一个带索引的数组
dataframe1 = pd. DataFrame( np. random. randn(3,3), index = list("abc"), columns = list("ABC"))
```

	A	B	C
a	−0. 461257	−0. 136791	1. 292049
b	−0. 377147	−0. 942172	−0. 127842
c	−0. 852382	1. 197606	−1. 354672

```
# 直接创建一个带索引的数组
dataframe2 = pd. DataFrame([[1,2,3],
             [2,3,4],
             [3,4,5]], index = list("abc"), columns = list("ABC"))
```

	A	B	C
a	1	2	3
b	2	3	4
c	3	4	5

```
# 使用 Numpy 创建一个带索引的数组
dict1 = {"name" :["Wang Lei","Zhang Qing","Li Shan"],
     "age" :[22,44,35],
     "gender" :["男","女","男"]}
dataframe3 = pd. DataFrame(dict1)
```

	name	age	gender
0	Wang Lei	22	男
1	Zhang Qing	44	女
2	Li Shan	35	男

对于本章浮沉试验综合表的灰分和产率列，可以依次增加索引：

```
# 创建两个 Numpy 一维数组,分别存储列名和行名
columns = np. array(['yield','ash'])
index = np. array(['-1. 3','1. 3-1. 4','1. 4-1. 5','1. 5-1. 6','1. 6-1. 8','+1. 8'])
# 使用 pandas. DataFrame 创建 DataFrame 并指定索引
df = pd. DataFrame(data = matrix_ash, index = index, columns = columns)
print(df)
```

	yield	*ash*
−1.3	48.0	5.30
1.3−1.4	10.3	9.26
1.4−1.5	7.7	23.10
1.5−1.6	4.0	40.00
1.6−1.8	3.5	47.50
+1.8	26.5	75.00

讨 论

Pandas 是基于 NumPy 开发，为 Python 提供高效的数据处理、数据清洗与整理的工具，它可以与其他第三方科学计算支持库完美集成。在后续章节的相关案例，主要使用 Pandas 库的 DataFrame 数据结构。

复习思考题

1-1 解释向量和矩阵有何区别？并给出一个实际场景，说明何时使用向量，何时使用矩阵。

1-2 如果有一个矩阵 mat = np.array([[1,2,3],[4,5,6]])，请使用 NumPy 的相关函数来获取其形状、大小和维数，试计算每列的平均值、方差和标准差。

1-3 为什么在处理表格数据时，Pandas 的 DataFrame 结构比 NumPy 数组更加方便，并给出矿物加工过程中使用 DataFrame 创建带索引的表格数据的例子。

1-4 通过矩阵统计运算补全表 1-1 的第 7 列和第 9 列，即沉物累计灰分与分选密度±0.1 的产率。

2 数 据 加 载

生产过程的数据分析是从正确的问题开始，该问题必须清晰、简洁，同时可度量。我们的目标是通过提出问题来帮助寻找新的方案，或解决特定问题。有了具体的问题，就需要准备获取相关的数据。需要考虑哪些数据是已经存在的，哪些数据需要通过对现有数据进行加工来获得，哪些数据还没有。典型的数据来源主要包括企业数据库/数据仓库，实验/日志文件及外部公开数据集等，当然，从多个源获取数据也很常见。

本章将讨论如何从不同的源（包括 CSV 文件和 SQL 数据库）加载数据，同时也会介绍几种生成符合需求的仿真实验数据方法。尽管在 Python 生态体系中有很多加载数据的方法，但本章着重使用 pandas 库的一些方法来加载外部数据，并使用 scikit-learn（也称 sklearn，是 Python 中一个开源的机器学习库）来生成仿真数据。

2.1 CSV/txt 数据

现有一地磅称重数据，存储于 CSV 文件'data_sale.csv'中，使用记事本打开文件预览结果如图 2-1 所示，试使用 Python 获取文件数据，并查看前两行数据。

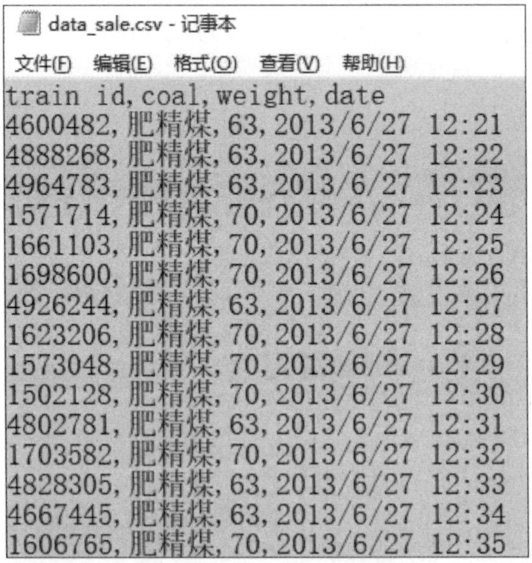

图 2-1 data_sale.csv 文件

方 案

逗号分隔符（comma-separated values，CSV）文件可以使用 pandas 库的 read_csv 函数来加载：

```
# 加载库
import pandas as pd
# 加载数据集,读取位于当前工作目录下'data_sale.csv'文件
dataframe = pd.read_csv('data_sale.csv')
# 查看前两行数据
dataframe.head(2)
```

	trainid	coal	weight	date
0	4600482	肥精煤	63	2013/6/27 12:21
1	4888268	肥精煤	63	2013/6/27 12:22

讨 论

CSV 文件以纯文本形式存储表格数据(数字和文本)。纯文本意味着该文件是一个字符序列,不包含必须像二进制数字那样被解读的数据。CSV 文件由任意数目记录组成,记录间以某种换行符分隔;每条记录由字段组成,字段间的分隔符是其他字符或字符串,最常见的是逗号或制表符。建议使用 Excel 或记事本开启浏览,以便事先了解数据集的结构及在加载文件时需要设置什么参数。同样,也可以使用 read_csv() 函数读取文本文件(如 txt 文件),但首先要确保 txt 文件中的数据结构清晰,才能被 pandas 正确解析。

读取 CSV 文件的字段时常依赖于一个假设,即值是由逗号分隔的(如可能有一行数据为2,"2015-01-0100:00:00",0),但对于 CSV 文件来说,使用其他的字符作为分隔符也很常见,sep 参数可以设置文件的定界符,如读取使用分号作为分隔符的 CSV 文件:

```
dataframe = pd.read_csv('data.csv', sep = ';')
```

如果 CSV 文件的编码不是默认的 UTF-8,可以使用 encoding 参数指定编码,如:

```
dataframe = pd.read_csv('data.csv', encoding = 'latin1')
```

CSV 文件一般会有一个固定的格式(虽然也有例外),文件的第一行指定列的数据头。header 参数可以指定是否存在数据头这一行及它的位置。如果没有这一行,则需要设置 header = None。

还可以使用 pandas 库的 to_csv 方法将 DataFrame 保存到 CSV 文件中,如:

```
dataframe.to_csv('output.csv', index = False)
```

这里 index = False 参数表示在保存文件时不包括行索引。如果想要包括行索引,可以省略这个参数或设置为 True。

head() 函数用于显示 DataFrame 的前几行,默认情况下显示前 5 行。这是一个非常有用的方法,用于快速检查 DataFrame 的内容和结构。

2.2　Excel 数据

现有一质检员记录的原煤灰分和精煤灰分的在线数据存储于 Excel(coal_ash.xls)文件中,预览结果如图 2-2 所示,试通过 Python 获取文件数据,并查看前 2 行数据。

⊿	A	B	C	D	E
1	ID	Rawcoal_ash	Cleancoal_ash	Dense	Time
2	1	27.74	9.20	1.456	2011/2/18 21:00
3	2	28.18	9.34	1.451	2011/2/18 21:01
4	3	28.47	9.34	1.457	2011/2/18 21:02
5	4	29.17	9.29	1.459	2011/2/18 21:03
6	5	29.30	9.18	1.460	2011/2/18 21:04
7	6	28.78	9.07	1.460	2011/2/18 21:05
8	7	28.25	9.17	1.457	2011/2/18 21:06
9	8	27.55	9.23	1.451	2011/2/18 21:08
10	9	27.28	8.97	1.449	2011/2/18 21:09
11	10	27.50	8.87	1.445	2011/2/18 21:10
12	11	27.51	8.73	1.447	2011/2/18 21:11
13	12	27.26	8.66	1.451	2011/2/18 21:12

图 2-2　coal_ash. xls 文件

方案

使用 pandas 库的 read_excel 函数来加载一个 Excel 数据表:

```
# 加载库
import pandas as pd
# 指定 Excel 文件路径
file_path = 'coal_ash. xls'
# 加载数据
dataframe = pd. read_excel (file_path, sheet_name = 0, header = 1)
# 查看前两行
dataframe. head (2)
```

	1	27.74	9.2	1.456	2011-02-18 21:00:00
0	2	28.18	9.34	1.451	2011-02-18 21:01:00
1	3	28.47	9.34	1.457	2011-02-18 21:02:00

讨论

这个方案和加载 CSV 文件的方案很类似,主要区别在于多了一个参数 sheet_name,它指定在加载 Excel 文件时要加载哪一张数据表。sheet_name 可以是包含数据表名字的字符串,也可以是指向数据表所在位置的整数(从零开始编号)。如果需要加载多张数据表,可以把它们放在一个列表中一起传入。如 sheet_name = [0,1,2,"Monthly Sales"] 将返回一个值为 DataFrame 类型的字典,该字典包含了第一张、第二张、第三张及名为 Monthly Sales 的数据表。

read_excel() 函数还支持通过 usecols 和 nrows 参数来读取 Excel 文件中的特定范围数

据。这两个参数可以组合使用，以实现更灵活的数据读取。如只读取第 1 列和第 3 列的数据：

```
dataframe = pd. read_excel('example. xlsx', usecols = [0,2])
```

或者只读取前 10 行的数据：

```
dataframe = pd. read_excel('example. xlsx', nrows = 10)
```

header 参数指定表头所在行号，默认为零，表示第一行为表头。如果 Excel 文件没有表头，可以将 header 参数设置为 None，并在读取后手动设置列名。如果表头不在第一行，可以通过 header 参数指定表头所在的行号。如表头在第 2 行：

```
dataframe = pd. read_excel('example. xlsx', header = 1)
```

与读数据对应，Pandas 也提供了对应格式的写文件函数 to_excel()。

2.3　JSON 数据

加载一个 JSON 文件的数据，并查看前 2 行数据。

方　案

pandas 库提供了 read_json，可以将 JSON 文件转换为 pandas 对象：

```
# 加载库
import pandas as pd
# 指定 JSON 文件路径
file_path = 'path_to_your_json_file. json'
# 读取 JSON 文件
df = pd. read_json(file_path)
# 查看数据的前几行
print(df. head())
```

假设 JSON 文件 data. json 所包含的具体内容如下：

```
[
    {"name": "Wang Lei","age": 25,"city": "Wuhan"},
    {"name": "Zhang Qing","age": 30,"city": "Xuzhou"}
]
```

使用 Pandas 读取这个文件将得到以下 DataFrame：

	name	age	city
0	Wang Lei	25	Wuhan
1	Zhang Qing	30	Xuzhou

讨　论

JSON(JavaScript Object Notation, JS 对象简谱) 是一种轻量级的数据交换格式，它基于

ECMAScript（欧洲计算机协会制定的 js 规范）的一个子集，采用完全独立于编程语言的文本格式存储和表示数据。简洁和清晰的层次结构使得 JSON 成为理想的数据交换语言，易于阅读也易于机器解析和生成。

在 Pandas 中使用 read_json() 函数读取 JSON 数据时，orient 参数是一个非常重要的选项，它决定了 JSON 数据的读取方式。不同的 orient 值对应不同的 JSON 数据结构。以下是一些常用的 orient 参数值及其含义：

（1）split（默认）：将 JSON 对象转换为一个 DataFrame，其中每个键值对为 DataFrame 的列和索引。

（2）records：将 JSON 对象作为记录数组读取，每个记录是一个字典。

（3）index：将 JSON 对象作为索引读取，每个键是一个索引标签，值是记录列表。

（4）columns：将 JSON 对象作为 DataFrame 的列读取，每个键是一个列名，值是数据列表。

（5）values：将 JSON 对象作为 DataFrame 的值读取，忽略任何索引信息。

to_json 方法用于将 Pandas DataFrame 保存为 JSON 文件，如：

```
# 创建一个示例 DataFrame
data = {'Name': ['Wang Lei','Zhang Qing','Li Shan'],
        'Age': [25,30,22],
        'City': ['Wuhan','Xuzhou','Tianjin']}
df = pd.DataFrame(data)
# 将 DataFrame 保存为 JSON 文件
json_path = 'output.json'
df.to_json(json_path,orient='records',date_format='iso',force_ascii=False)
```

在这个案例中，使用 to_json 方法将 DataFrame 保存为 JSON 文件，通过 date_format 控制日期的格式，force_ascii 如果为 True，则所有非 ASCII 字符将被转义。

2.4　MS Access 数据库

MSAccess 是入门级应用的常规数据库。试使用结构化查询语言（SQL，structured query language）从 MS Access 中读取数据。

方　案

使用 pandas 库结合 pyodbc 或 sqlalchemy 读取 MS Access 数据库（.mdb 文件），使用 read_sql_query 函数在数据库中执行一个 SQL 查询语句并加载结果：

```
# 加载库
import pandas as pd
from sqlalchemy import create_engine
# 创建一个数据库的连接
database_path = 'path_to_your_database.mdb' # MDB 文件的完整路径
```

```
connection_string = f'msaccess + pyodbc://{database_path}? driver = {{Microsoft Access Driver (*.
mdb)}}'
engine = create_engine(connection_string) # 创建数据库引擎
# 使用 SQLAlchemy 的 read_sql_query 函数读取表名称为 table_name 的数据
table_name = 'table_name'
query = f"SELECT * FROM table_name"
dataframe = pd.read_sql_query(query, engine)
# 关闭数据库引擎
engine.dispose()
```

讨　论

MS Access 是由微软发布的关系数据库管理系统。它结合了 MicrosoftJet Database
Engine 和图形用户界面两项特点，是 Microsoft Office 的系统程序之一。SQL 是从数据库中
提取数据的通用语言。在方案中，首先用 create_engine 定义了一个到 MS Access 数据库引
擎的连接，然后用 pandas 的 read_sql_query 通过 SQL 语句查询数据库，并将结果存入一个
DataFrame 中。此处所用的 SQL 查询语句（SELECT * FROM table_name），可以查询数据库
并返回 table_name 表的所有列（*）。

2.5　MS SQL Server 数据库

MS SQL Server 是一个关系数据库管理系统，该数据库主要面向中小企业。试使用结
构化查询语言从 MS SQL Server 数据库中读取数据。

方　案

使用 pandas 库结合 pyodbc 或 sqlalchemy 来读取 MS SQL Server 数据库，使用 read_sql_
query 函数在数据库中执行一个 SQL 查询语句并加载结果：

```
# 加载库
import pandas as pd
from sqlalchemy import create_engine
# 创建一个数据库的连接
server = '你的服务器地址'   # 例如 'localhost\sqlexpress'
database = '数据库名'
username = '用户名'
password = '密码'
connection_string = f"mssql+pyodbc://{username}:{password}@{server}/{database}? driver = ODBC+
Driver+17+for+SQL+Server"
engine = create_engine(connection_string) # 创建数据库引擎
# 使用 SQLAlchemy 的 read_sql_query 函数读取数据
table_name = 'table_name'
query = f"SELECT * FROM table_name"
```

```
dataframe = pd. read_sql_query( query, engine)
# 关闭数据库引擎
engine. dispose( )
```

讨 论

这段代码在使用时需要将服务器地址、数据库名、用户名和密码替换为 MS SQL Server 数据库的实际连接信息，并将 tablename 替换为你想要查询的表名。需要注意的是，连接字符串中的 ODBC Driver 版本可能需要根据用户系统和安装的驱动版本进行调整。如果使用的是较新的驱动，可能需要将 ODBC Driver 17 for SQL Server 替换为 ODBC Driver 18 for SQL Server 或其他版本。

Microsoft SQL Server 数据库引擎为关系型数据和结构化数据提供了更安全可靠的存储功能，使用户可以构建和管理用于业务的高可用性和高性能的数据应用程序。其他数据库如 Oracle、MySQL 等数据的加载与本例类似，本书不再举例。

2.6　预置数据集

当专注研究某个机器学习算法或者方法时，可以不用将时间消耗在从现实数据集中加载、转换和清洗过程。

试加载一个网络已有的样本数据集。

方 案

scikit-learn 中预置了大量的流行数据集可供使用：

```
# 加载 scikit-learn 的数据集
from sklearn import datasets
# 加载手写数字数据集
digits = datasets. load_digits( )
# 创建特征矩阵
features = digits. data
# 创建目标向量
target = digits. target
# 查看第一个样本数据
features[0]
```

```
array ([ 0.   0.   5.  13.   9.   1.   0.   0.   0.   0.  13.  15.  10.  15.   5.   0.   0.   3.
        15.   2.   0.  11.   8.   0.   0.   4.  12.   0.   0.   8.   8.   0.   0.   5.   8.   0.
         0.   9.   8.   0.   0.   4.  11.   0.   1.  12.   7.   0.   0.   2.  14.   5.  10.  12.
         0.   0.   0.   0.   6.  13.  10.   0.   0.   0. ])
```

讨 论

scikit-learn 中预置了一些很容易加载的常见数据集，这些数据集比现实中的数据集要小得多、干净得多。scikit-learn 中比较流行的玩具数据集有：

（1）load_boston：包含 503 个波士顿房价的观察值，是一个用于研究回归算法的优质数据集。

（2）load_iris：包含 150 个鸢尾花尺寸的观察值，是一个用于研究分类算法的优质数据集。

（3）load_digits：包含 1797 个手写数字图片的观察值，是一个用于研究图像分类算法的优质数据集。

2.7 仿真数据集

如果预置数据集无法满足算法需求，试生成一个模拟仿真用试验数据集。

方　案

scikit-learn 提供了很多创建仿真数据集的方法，其中有三个方法非常有用。

（1）使用 make_regression 生成一个仿真数据集来做线性回归。

```
# 加载库
from sklearn. datasets import make_regression
# 生成特征矩阵、目标向量以及模型的系数
features,target,coefficients = make_regression( n_samples = 100,
                                                n_features = 3,
                                                n_informative = 3,
                                                n_targets = 1,
                                                noise = 0. 0,
                                                coef = True,
                                                random_state = 1)
# 查看特征矩阵和目标向量
print('Feature Matrix\n',features[ :3])
print('Target Vector\n',target[ :3])
```

```
Feature   Matrix
[[ 1. 29322588   -0. 61736206   -0. 11044703]
 [-2. 793085    0. 36633201   1. 93752881]
 [ 0. 80186103   -0. 18656977   0. 0465673]]
Target   Vector
[-10. 37865986   25. 5124503   19. 67705609]
```

（2）如果需要创建一个仿真数据集来做分类，可以使用 make_classification。

```
# 加载库
from sklearn. datasets import make_classification
```

```
# 生成特征矩阵和目标向量
features,target = make_classification( n_samples = 100,
                                        n_features = 3,
                                        n_informative = 3,
                                        n_redundant = 0,
                                        n_classes = 2,
                                        weights = [ . 25, . 75],
                                        random_state = 1)
# 查看特征矩阵和目标向量
print('Feature Matrix\n',features[ :3])
print('Target Vector\n',target[ :3])
```

Feature Matrix
[[1. 06354768 - 1. 42632219   1. 02163151]
[0. 23156977   1. 49535261   0. 33251578]
[0. 15972951   0. 83533515   - 0. 40869554]]
Target Vector
[1 0 0]

（3）使用 make_blobs 生成做聚类处理的数据集。

```
# 加载库
from sklearn. datasets import make_blobs
# 生成特征矩阵和目标向量
features,target = make_blobs( n_samples = 100,
                               n_features = 2,
                               centers = 3,
                               cluster_std = 0. 5,
                               shuffle = True,
                               random_state = 1)
# 查看特征矩阵和目标向量
print('Feature Matrix\n',features[ :3])
print('Target Vector\n',target[ :3])
```

Feature Matrix
[[-1. 22685609   3. 25572052]
[-9. 57463218   - 4. 38310652]
[-10. 71976941   - 4. 20558148]]
Target Vector
[0 1 1]

讨　论

从上述方案能看到，make_regression 返回的是一个浮点数的特征矩阵和一个浮点数的目标向量，而 make_classification 和 make_blobs 返回的是一个浮点数的特征矩阵和一个代表分类的整数目标矩阵。

scikit-learn 的仿真数据集提供了很多选项以控制所生成数据的类型。scikit-learn 文档对所有参数都有完整的描述。有几个参数值得特别说明，在 make_regression 和 make_classification 中，n_informative 确定了用于生成目标向量的特征的数量。如果 n_informative 的值比总的特征数（n_features）小，则生成的数据集将包含多余的特征，这些特征可以通过特征选择技术识别出来。make_classification 包含了一个 weights 参数，可以利用它生成不均衡的仿真数据集。如设置 weights = [.25,.75]，那么生成的数据集中，25% 的观察值属于第一个分类，75% 的观察值属于第二个分类。对于 make_blobs 来说，centers 参数决定了要生成多少个聚类。使用 matplotlib 可视化库，能将 make_blobs 生成的聚类可视化地显示出来，具体图形绘制方法将在本书第 4 章进行详细介绍。

复习思考题

2-1 举例说明在 pandas 中使用'to_csv'方法时，'index'参数的不同设置对输出结果的影响。

2-2 讨论 read_excel 函数中 sheetname 参数的使用场景，并给出一个示例代码读取 Excel 的所有表单。

2-3 JSON 格式的数据有哪些，名自有何特点？

2-4 通过查阅资料，列举更多 scikit-learn 预置的数据集，并简要描述它们的用途。

2-5 描述使用 make_regression、make_classification 和 make_blobs 函数生成仿真数据集的过程，并解释这些数据集在机器学习中的应用场景。

3 数 据 处 理

数据处理是指对采集到的数据进行加工整理，形成适合数据分析的样式，保证数据的一致性和有效性，它是数据分析前必不可少的阶段。数据处理的基本目的是从大量的、可能杂乱无章的、难以理解的数据中抽取并推导出对解决问题有价值、有意义的数据。如果数据本身存在错误，那么即使采用最先进的数据分析方法，得到的结果也是错误的，不具备任何参考价值，甚至还会误导决策。

数据处理主要包括数据清洗、数据转化、数据抽取、数据合并、数据计算等处理方法。一般的数据都需要进行一定的处理才能用于后续的数据分析工作，即使再"干净"的原始数据也需要先进行一定的处理才能使用。以选煤过程最关心的煤炭质量灰分检测数据为例，很可能其中有很多生产班组的数据由于设备原因没有监测到，还有一些数据是记录重复或设备故障时监测的无效数据。这些数据需要用相应的方法去处理，如残缺数据是直接去掉这条数据，还是用临近的值去补全，这些都是需要考虑的问题。当然在这里还可能会进行数据分组、基本描述统计量的计算、数据取值的转换等，通过这些操作掌握数据的分布特征，以帮助用户进一步深入分析和建模。

在"整理"数据时，最常用的数据结构是第一章介绍的带索引的数组 DataFrame，它既直观又灵活，呈表格状，就像在 Excel 数据表中看到的数据一样。本章以 DataFrame 数据结构为基础，对采集到的数据进行预处理。

3.1 描 述 数 据

现有一选煤厂的在线检测数据存储于'online_data.csv'文件中，预览结果如图 3-1 所

```
Time,Coal_Type,YM_Weight,JM_Weight,YM_Ash,JM_Ash,DE_01,DE_02
2015/12/9 0:00,1,968.9066,618.7345,27.87633,8.849311,1.595533,1.5201
2015/12/9 0:01,1,1003.657,597.34,27.77172,8.872666,1.6023,1.516967
2015/12/9 0:02,1,1045.843,604.0167,27.39867,8.900001,1.606267,1.510433
2015/12/9 0:03,1,1055.823,594.2367,27.15367,8.902069,1.610367,1.506367
2015/12/9 0:04,1,1042.497,576.89,27.20552,8.886001,1.6119,1.5029
2015/12/9 0:05,1,1033.31,597.77,26.95667,8.949656,1.6066,1.501033
2015/12/9 0:06,1,1055.093,658.2033,26.70667,9.03069,1.599533,1.500267
2015/12/9 0:07,1,1019.45,661.78,26.70207,9.106668,1.595033,1.507067
2015/12/9 0:08,1,1038.91,663.8633,26.53333,9.18931,1.602667,1.511833
2015/12/9 0:09,1,1026.867,642.84,26.47633,9.204482,1.611733,1.514033
2015/12/9 0:10,1,1048.143,684.0266,26.49138,9.230333,1.6147,1.511333
2015/12/9 0:11,1,1045.203,650.7634,26.61276,9.266552,1.611786,1.506233
2015/12/9 0:12,1,1049.163,628.6533,26.7269,9.306207,1.604933,1.500733
2015/12/9 0:13,1,1055.01,599.99,26.69207,9.297932,1.595233,1.499233
2015/12/9 0:14,1,1055.97,634.1767,26.45767,9.343,1.5865,1.5054
2015/12/9 0:15,1,1046.6,618.6833,26.77621,9.340333,1.590867,1.511967
2015/12/9 0:16,1,1043.403,636.66,26.95241,9.350666,1.5974,1.519433
2015/12/9 0:17,1,1029.5,626.5333,26.857,9.385862,1.601533,1.5161
2015/12/9 0:18,1,1048.687,652.2133,26.91448,9.423333,1.606,1.5095
2015/12/9 0:19,1,1053.36,652.63,26.94172,9.485,1.608967,1.502233
2015/12/9 0:20,1,1057.32,658.3167,26.96533,9.484138,1.610667,1.499233
```

图 3-1   online_data.csv 文件

示，试通过 Python 语言了解文件包含哪些数据信息，并进行描述性统计。

方 案

使用 head 函数查看前几行数据，使用 shape 函数查看数据的维数，使用 describe 函数获取描述性统计信息：

```
# 加载库
import pandas as pd
# 加载数据
dataframe = pd. read_csv('online_data. csv')
# 查看前两行数据
dataframe. head(2)
```

	Time	Coal_Type	YM_Weight	JM_Weight	YM_Ash	JM_Ash	DE_01	DE_02
0	2015/12/9 0:00	1	968. 9066	618. 7345	27. 87633	8. 849311	1. 595533	1. 520100
1	2015/12/9 0:01	1	1003. 6570	597. 3400	27. 77172	8. 872666	1. 602300	1. 516967

```
# 查看维数
dataframe. shape
array((1325,8))
# 查看描述性统计量
dataframe. describe()
```

	Coal_Type	YM_Weight	JM_Weight	YM_Ash	JM_Ash	DE_01	DE_02
count	1325. 000	1325. 000	1325. 000	1325. 000	1325. 000	1325. 000	1325. 000
mean	1. 173585	484. 846884	288. 632950	26. 879795	4. 368556	0. 896231	0. 818543
Std	1. 274333	466. 752288	273. 264473	2. 622101	4. 012745	0. 796268	0. 725595
min	0. 000000	0. 000000	−12. 596670	0. 000000	0. 000000	0. 000000	0. 000000
25%	0. 000000	0. 000000	0. 000000	25. 260000	0. 000000	0. 000000	0. 000000
50%	1. 000000	604. 130000	393. 156700	25. 713670	7. 162759	1. 589867	1. 398000
75%	3. 000000	975. 196500	554. 990000	28. 525860	7. 938275	1. 606600	1. 480500
max	3. 000000	1173. 050000	785. 756700	33. 240670	9. 485000	1. 649333	1. 537733

```
# 计算描述 JM_Weight(精煤实时产量)的各统计值
print('Maximum:',dataframe['JM_Weight']. max())
print('Minimum:',dataframe['JM_Weight']. min())
print('Mean:',dataframe['JM_Weight']. mean())
print('Sum:',dataframe['JM_Weight']. sum())
print('Count:',dataframe['JM_Weight']. count())
```

```
array(Maximum:785. 7567
Minimum: −12. 59667
Mean: 288. 6329495510415
Sum: 382438. 65815513
Count:1325)
```

22

讨 论

在现实中，很多情况下数据会包含成千上万的行和列。这时可以选取一些样本来查看一小部分数据，也可以利用样本来计算数据的描述性统计量。

在上述方案中，可以使用 head 可以查看数据集的前几行（默认查看前 5 行），使用 tail 可以查看最后几行，使用 shape 可以查看数据帧中包含了多少行和多少列，使用 describe 能查看任何数值型的列的基本描述性统计量。

除了方案中用到的描述性统计量，pandas 还提供了计算方差（var）、标准差（std）、峰态（kurt）、偏态（skew）、平均值标准误差（sem）、众数（mode）、中位数（median）及很多其他描述性统计量的方法。

3.2 数 据 浏 览

从第 3.1 节'online_data.csv'文件中挑出单行数据或一部分数据进行预览。

方 案

使用 loc 或 iloc 函数能选择一个或多个数据，也能选择一行或多行数据：

```
# 加载库
import pandas as pd
# 加载数据
dataframe = pd. read_csv('online_data. csv')
# 选择第一行
dataframe. iloc[0]
```

Time	*2015/12/9 0:00*
Coal_Type	*1*
YM_Weight	*968. 9066*
JM_Weight	*618. 7345*
YM_Ash	*27. 87633*
JM_Ash	*8. 849311*
DE_01	*1. 595533*
DE_02	*1. 5201*

可以使用冒号"："来定义想要选择哪些行。如选择第 2~4 行：

```
# 选择三行
dataframe. iloc[1:4]
```

还能获取到某一行为止的所有行，比如获取到第 4 行为止的所有行：

```
# 获取到第 4 行为止的所有行
dataframe. iloc[:4]
```

```
            Time        Coal_Type    YM_Weight    JM_Weight    YM_Ash       JM_Ash       DE_01        DE_02
0    2015/12/9 0:00     1            968.9066     618.7345     27.87633     8.849311     1.595533     1.520100
1    2015/12/9 0:01     1            1003.6570    597.3400     27.77172     8.872666     1.602300     1.516967
2    2015/12/9 0:02     1            1045.8430    604.0167     27.39867     8.900001     1.606267     1.510433
3    2015/12/9 0:03     1            1055.8230    594.2367     27.15367     8.902069     1.610367     1.506367
# 选择最后 5 行和所有列
dataframe.iloc[-5:,:]
```

数据帧的索引无须是数值型, 只要某一列在数据帧中每一行的值是唯一的, 就可以将其设置为索引。如可以将时间列设置为索引, 然后通过时间来选择行:

```
# 设置索引
dataframe = dataframe.set_index(dataframe['Time'])
# 查看行
dataframe.loc['2015/12/9 0:04']
```

```
Time          2015/12/9 0:04
Coal_Type     1
YM_Weight     1042.497
JM_Weight     576.89
YM_Ash        27.20552
JM_Ash        8.886001
DE_01         1.6119
DE_02         1.5029
Name: 2015/12/9 0:04, dtype: object
```

讨 论

loc 函数是通过行索引 "Index" 中的具体值来取行数据 (如取"Index"为"A"的行); iloc 函数是通过行号来取行数据。其中, loc 是 location 的意思, iloc 中的 i 是 integer 的意思, 仅接受整数作为参数。

pandas 的数据帧中所有的行都会有一个唯一的索引值, 默认情况下, 这个索引是一个整数, 它标明了这一行在数据帧中的行的位置。然而, 索引不一定必须是一个整数。数据帧的索引可以被设置成一个唯一的字母与数字组成的字符串或自定义数字。

3.3 数 据 筛 选

在浏览数据时, 用户希望依据某个条件语句来筛选部分数据。

方 案

利用 pandas 很容易实现数据筛选功能。如选择在线生产数据入洗煤种为肥煤 (Coal_Type 为 2) 时的数据进行查看:

```
# 加载库
import pandas as pd
# 加载数据
dataframe = pd. read_csv('online_data. csv')
# 展示煤种列的值是 2 的前两行
dataframe[dataframe['Coal_Type'] == '2']. head(5)
```

	Time	Coal_Type	YM_Weight	JM_Weight	YM_Ash	JM_Ash	DE_01	DE_02
794	2015/12/9 18:53	2	1127.987	613.9200	27.43733	7.922000	1.575267	1.408467
795	2015/12/9 18:54	2	1167.377	635.5355	27.54548	7.910968	1.574548	1.413613

其中，在 dataframe['Coal_Type'] == '2'语句外面包了一层 dataframe[]，用来表示 pandas：dataframe['Coal_Type'] 的值是'2'的行数据。

要同时使用多个条件语句也很简单。下面的代码就筛选出了所有精煤皮带秤不大于零的煤种为零，即不生产时皮带秤为负的异常数据：

```
# 过滤行
dataframe[(dataframe['Coal_Type'] == '0') & (dataframe['JM_Weight'] <= 0)]. head(2)
```

	Time	Coal_Type	YM_Weight	JM_Weight	YM_Ash	JM_Ash	DE_01	DE_02
311	2015/12/9 5:11	0	0.0	-1.90	25.26	0.0	0.0	0.0
312	2015/12/9 5:12	0	0.0	-2.98	25.26	0.0	0.0	0.0

讨 论

有条件地筛选数据是数据整理中最常见的任务之一。很少会遇到需要使用所有原始数据的场景，一般只使用一部分原始数据。如用户可能只对正常生产时的在线数据感兴趣，或者只对生产某个煤种的记录感兴趣。

3.4 替 换 值

为便于理解或后续的数据处理分析，替换数据帧中的一些值，如用"气煤"来替换 Coal_Type 列中所有的"1"。

方 案

用 pandas 的 replace 方法能很容易地找到并替换一些值。

```
# 加载库
import pandas as pd
# 加载数据
dataframe = pd. read_csv('online_data. csv')
# 替换一些值,并查看两行数据
dataframe['Coal_Type']. replace("1","气煤"). head(2)
```

```
0    气煤
1    气煤
Name：Coal_Type,dtype：object
```

当然也能同时替换多个值：

```
# 用"气煤"和"肥煤"分别替换"1"和"2"
dataframe['Coal_Type'].replace(["1","2"],["气煤","肥煤"]).head(5)
```

```
0    气煤
1    肥煤
2    气煤
3    肥煤
4    气煤
Name：Coal_Type,dtype：object
```

可以通过 Dataframe 对象在整个数据帧中查找和替换值，而不仅限于在单个列中查找和替换值。

```
# 替换一些值，并查看两行数据
dataframe.replace(1,"One").head(2)
```

	Time	Coal_Type	YM_Weight	JM_Weight	YM_Ash	JM_Ash	DE_01	DE_02
0	2015/12/9 0:00	One	968.9066	618.7345	27.87633	8.849311	1.595533	1.520100
1	2015/12/9 0:01	One	1003.6570	597.3400	27.77172	8.872666	1.602300	1.516967

讨 论

replace 是一个用来做值替换的工具，而且它还接受正则表达式，因此它的功能很强大。

3.5 缺失值处理

生产数据在采集过程中常因网络等异常导致数据丢失，试筛选出数据帧中的缺失值。

方 案

用 isnull 和 notnull 返回布尔型的值表示一个值是否缺失。

```
# 加载库
import pandas as pd
# 加载数据
dataframe = pd.read_csv('online_data.csv')
# 筛选出缺失值，查看两行
dataframe[dataframe['DE_01'].isnull()].head(2)
```

	Time	Coal_Type	YM_Weight	JM_Weight	YM_Ash	JM_Ash	DE_01	DE_02
315	2015/12/9 5:15	0	0.0	-8.283334	25.26	0.0	NaN	NaN
316	2015/12/9 5:16	0	0.0	-5.716667	25.26	0.0	NaN	NaN

```
# 用指定值 0 进行填充
dataframe. fillna(0)
# 用均值进行填充
dataframe. fillna( dataframe. mean( ) )
```

讨 论

在数据整理中，缺失值是很常见的问题，但有时会低估处理缺失值的难度。pandas 使用 NumPy 的 NaN（Not A Number，意为不是一个数字）表示缺失值。值得注意的是，pandas 没有实现 NaN。要想使用 NaN 就需要先导入 NumPy 库。有时候一个数据集会使用特殊的值表示缺失的观察值，如 NONE、-999。read_csv 中有一个参数可允许用户指定一个值代表缺失值：

```
# 加载数据,设置缺失值
dataframe = pd. read_csv( 'data. csv', na_values = [ np. nan, 'NONE', -999 ] )
```

3.6 数 据 分 组

试根据一些共有的值（shared value）对行分组。如根据入洗煤种分组，查看平均在线悬浮液密度。

方 案

使用 pandas 中的 groupby 函数：

```
# 加载库
import pandas as pd
# 加载数据
dataframe = pd. read_csv( 'online_data. csv'). drop( columns = [ 'Time' ] )
# 根据煤种 Coal_Type 列的值来对行分组,并计算每一组的平均值,去除时间列
dataframe. groupby( 'Coal_Type'). mean( )
```

Coal_Type	YM_Weight	JM_Weight	YM_Ash	JM_Ash	DE_01	DE_02
0	0. 000000	-0. 538820	25. 260000	0. 000000	0. 016514	0. 015373
1	763. 096532	490. 225875	27. 223938	8. 185042	1. 590766	1. 487563
2	903. 739087	475. 981339	27. 546574	8. 439843	1. 613559	1. 487777
3	955. 030540	546. 203754	28. 978622	7. 540394	1. 602904	1. 434867

讨 论

groupby 是数据整理工作的真正起点，经常会遇到以下情况：数据帧的每一行代表的是一个人或者一个事件，而我们需要根据某些标准对这些行分组并计算某个统计量。如果想要知道每一入洗煤种的入洗总量，可以将在线数据按照煤种分组并计算入洗皮带秤量的总和。

不熟悉 groupby 的用户经常会写一行下面的语句,会被下述返回值感到困惑:

```
# 对行进行分组
dataframe. groupby('Coal_Type')
<pandas. core. groupby. DataFrameGroupBy object at 0x10efacf28>
```

为什么不返回一些更有意义的数据呢?原因是 groupby 需要和一些作用于组的操作配合使用,如计算一个综合统计量可配合以下函数:

(1) sum():求和;

(2) mean():求平均值;

(3) count():统计所有非空值;

(4) std():计算标准差。

当说到分组时,我们总是用"按照性别分组"这样的简单说法,其实这是不完整的。为了让分组更有意义,需要根据某种标准进行分组,然后对每一组应用一个函数。

```
# 按行分组,计算行数
dataframe. groupby('Coal_Type')['YM_Weight']. sum()
-------------------------------------------------------------------------------
Coal_Type
0            0. 000000
1       237323. 021300
2        30727. 128973
3       374371. 971500
Name:YM_Weight,dtype:float 64
```

注意代码中 YM_Weight 被加到 groupby 的后面,这是因为特定的描述性统计量只对特定的数据类型有意义。当然,也可以先按照第一列分组,再按照第二列对前面的结果进行二次分组。

大多数情况还需按照时间段对行进行分组,这时需要用到 resample 函数。

```
# 加载数据,指定索引列
dataframe=pd. read_csv('online_data. csv',index='Time')
# 按周对行分组,计算每一周的总和
dataframe. resample('W'). sum()
```

这里 resample 要索引的列的类型必须是 datetime。使用 resample 可以按一组时间间隔(偏移)来对行分组,然后计算每一个时间组的某个统计量。

```
# 按两周分组,计算平均值
dataframe. resample('2W'). mean()
# 按月分组,计算行数
dataframe. resample('M'). count()
```

尽管上面两个方法分别按周和按月对行分组,但输出的结果都是以日期作为索引。这是因为在默认情况下,resample 会返回时间组右边界的值(最后一个标签)作为这个组的标签。若不想以日期作为索引，可以通过使用 label 参数改变这个行。

```
# 按月分组,计算行数
dataframe. resample('M',label = 'left'). count()
```

3.7　数　据　合　并

现有两个数据集，一个数据集存储销售人员的基本信息，另一个数据集存储销售人员的销售情况，试合并两个数据集。

方　案

要进行等值连接（inner join），就需要使用 merge 并用 on 参数来指定哪些列要合并。

```
# 加载库
import pandas as pd
# 创建 DataFrame
user_data = {'user_id':['1','2','3','4'],'name':['Wang Lei','Zhang Qing','Xu Jian','Li Shan']}
dataframe_users = pd. DataFrame(user_data,columns = ['user_id','name'])
# 创建 DataFrame
sales_data = {'user_id':['3','4','5','6'],'total_sales':[23456,2512,2345,1455]}
dataframe_sales = pd. DataFrame(sales_data,columns = ['user_id','total_sales'])
# 合并数据帧
pd. merge(dataframe_users,dataframe_sales,on = 'user_id')
```
----

	user_id	name	total_sales
0	3	Xu Jian	23456
1	4	Li Shan	2512

merge 默认进行等值连接。如果要进行外连接（outer join），可以通过 how 参数来指定。

```
# 合并两个数据帧
pd. merge(dataframe_users,dataframe_sales,on = 'user_id',how = 'outer')
```
----

	user_id	name	total_sales
0	1	Wang Lei	NaN
1	2	Zhang Qing	NaN
2	3	Xu Jian	23456. 0
3	4	Li Shan	2512. 0
4	5	NaN	2345. 0
5	6	NaN	1455. 0

使用 how 参数还可以指定是左连接还是右连接。

```
# 合并两个数据帧
pd. merge(dataframe_users, dataframe_sales, on = 'user_id', how = 'left')
```

	user_id	name	total_sales
0	1	Wang Lei	NaN
1	2	Zhang Qing	NaN
2	3	Xu Jian	23456. 0
3	4	Li Shan	2512. 0

也可以指定每个数据帧中的列名来进行合并。

```
# 合并两个数据帧
pd. merge(dataframe_users, dataframe_sales, left_on = 'user_id', right_on = 'user_id')
```

	user_id	name	total_sales
0	3	Xu Jian	23456
1	4	Li Shan	2512

讨 论

很多时候需要使用的数据很复杂，而且它们并不是完整的。如在一些真实场景中，数据集通常是分散的，它们来自对数据库的多次查询或者多个文件。因此，为了将所有数据放在一起，通常需要先将每一份从数据库查询得到的数据或文件作为数据帧加载到 pandas 中，然后再将它们合并为一个大的数据帧。

这个过程对于用过 SQL（一个用作数据合并操作（join）的语言）的人来说可能很熟悉。尽管在 pandas 中使用的具体参数不一样，但是它所遵循的大致模式与其他语言和工具没有什么区别。

对于任何 merge 操作，都需要说明三个方面的信息。

（1）必须指定想要合并哪两个数据帧。在上述方案中，它们是 dataframe_users 和 dataframe_sales。

（2）必须指定要根据哪两列实施合并，也就是说在两个数据帧中需要共享哪一列的值。如在上述方案中，两个数据帧都有一列为 user_id，为了将这两个数据帧合并，只需要找到每个数据帧的 user_id 列中能匹配的值，并把它们拼接起来就行。如果这两列使用相同的名字，可以使用 on 参数。如果名字不一样，则需要使用 left on 和 right_on。

左/右数据帧是怎么定义的呢？简单来说，左数据帧是在 merge 中指定的第一个数据帧，右数据帧就是第二个。在我们解释下一组参数时，还会用到左/右数据帧的概念。

（3）合并操作的类型，由 how 参数来指定。merge 支持以下 4 个主要的连接类型。

1）Inner 只返回指定列的值在两个数据帧中都存在的行。如只有 user_id 的值在 dataframe_users 和 dataframe_sales 中都出现时，才会返回行。

2）Outer 返回两个数据帧的所有行。如果某一行只在其中一个数据帧中存在，就用 NaN 来填充缺失的值。如返回 dataframe_users 和 dataframe_sales 的所有行。

3）Left 返回左数据帧的所有行。对于右数据帧，只返回在左数据帧中能找到匹配值的行，用 NaN 来填充缺失的值。如返回 dataframe_users 的所有行，但是对于 dataframe_sales，只返回它的 user_id 出现在 dataframe_users 中的那些行。

4）Right 返回右数据帧所有行。对于左数据帧，只返回在右数据帧中能匹配值的行，用 NaN 来填充缺失的值。如返回 dataframe_sales 的所有行，但是对于 dataframe_users，只返回它的 user_id 出现在 dataframe_sales 中的那些行。

如果无法一下理解上述所有概念，可以自己动手写代码调试一下 how 参数，看一看它是如何影响 merge 的输出。

3.8　数据归一化

通过第 3.1 节的数据集可以看到，YM_Weight 列与 JM_Ash 列的阈值差异巨大，这将严重影响后续机器学习模型对各个参数权重的评估，在进行数据建模前，需要将各特征的值缩放到两个特定的值之间。

方　案

用 scikit-learn 的 MinMaxScaler 缩放一个特征数组：

```
# 加载库
import numpy as np
from sklearn import preprocessing
# 创建特征
feature = np. array([[-500. 5],
                     [-100. 1],
                     [0],
                     [100. 1],
                     [900. 9]])
# 创建缩放器
minmax_scale = preprocessing. MinMaxScaler(feature_range = (0,1))
# 缩放特征的值
scaled_feature = minmax_scale. fit_transform(feature)
# 查看特征
scaled_feature
```

```
array ([[0.          ]
      [0. 28571429]
      [0. 35714286]
      [0. 42857143]
      [1.          ]])
```

讨　论

在机器学习中，缩放是一个很常见的预处理任务。本书后面所讲的很多算法都假设所有的特征在同一取值范围，最常见的范围是［0，1］或［-1，1］。用于缩放的方法有很多，其中最简单的一种被称为 min-max 缩放。min-max 缩放利用特征的最小值和最大值，将所有特征都缩放到同一个范围中，其计算公式如下：

$$x_i' = \frac{x_i - \min(\boldsymbol{x})}{\max(\boldsymbol{x}) - \min(\boldsymbol{x})}$$

式中，$\boldsymbol{x}$ 为特征向量；x_i 为 x 中的一个元素值；x_i' 为缩放后的元素值。

从本节方案输出的数组中可以看出，特征的元素值已经被成功地缩放到 0~1。

min-max 缩放有一个常见的替代方案，就是将特征缩放为大致符合标准正态分布的。为了实现这样的缩放，可以使用标准化方法转换数据，这样数据就能有一个等于零的平均值 x 和一个等于 1 的标准差 σ。也就是说，特征中的每个元素都会被转换，使得：

$$x_i' = \frac{x_i - \bar{x}}{\sigma}$$

式中，x_i' 是 x_i 标准化后的形式。转换后的特征表示原始值距离平均值多少个标准差（在统计学中也称为 z 分数）。

标准化方法是机器学习数据预处理中的常用缩放方法，在主成分分析中标准化方法更有用，而在神经网络中则更推荐使用 min-max 缩放。

```
# 创建缩放器
scaler = preprocessing. StandardScaler( )
# 转换特征
standardized = scaler. fit_transform（x）
# 查看特征
standardized
```

3.9　字符串转换为日期

对数据做预处理时常常会遇到日期和时间类型的数据，当日期和时间以字符串形式出现时，需要将它们转换成 Python 能理解的数据类型。试把一个代表日期和时间的字符串向量转换成时间序列数据。

方　案

使用 pandas 的 to_datetime 函数，并通过 format 参数指定字符串的日期和（或）时间格式。

```
# 加载库
import numpy as np
import pandas as pd
# 创建字符串
date_strings = np. array（［'03-04-200511:35 PM',
                '23-05-201012:01 AM',
                '04-09-200909:09 PM'］）
```

```
# 转换成 datetime 类型的数据
[pd. to_datetime(date, format='%d-%m-%Y %I:%M %p')
for date in date_strings]
```

```
[Timestamp('2005-04-0323:35:00'),
Timestamp('2010-05-2300:01:00'),
Timestamp('2009-09-0421:09:00')]
```

讨 论

用字符串表示日期和时间有一个缺点, 即如果数据源不同, 字符串的格式也会相去甚远。如一个日期向量可能将 2015 年 3 月 23 日表示成 "03-23-15", 也可能表示成 "3|23|2015"。使用 format 参数可以指定字符串的具体格式。表 3-1 列出了常用日期和时间的格式化代码。

表 3-1 常用日期和时间的格式化代码

代 码	描 述	例
%Y	完整的年份	2001
%m	月, 首位空缺时需用 0 填充	04
%d	日, 首位空缺时需用 0 填充	09
%I	小时, 首位空缺时需用 0 填充	02
%p	AM (上午) 或 PM (下午)	AM
%M	分, 首位空缺时需用 0 填充	05
%S	秒, 首位空缺时需用 0 填充	09

还可以增加一个 errors 参数来处理错误。

```
# 转换成 datetime 类型的数据
[pd. to_datetime(date, format="%d-%m-%Y %I:%M %p", errors="coerce")
for date in date_strings]
```

如果传入 errors = "coerce", 当转换出现错误时不会抛出异常 (默认行为), 但是会将导致这个错误的值设置成 NaT (也就是缺失值)。

使用 pandas 函数 Series. dt 的时间属性创建年、月、日、时、分的特征。

```
# 创建数据帧
dataframe = pd. DataFrame()
# 创建 5 个日期
dataframe['date'] = pd. date_range('1/1/2001', periods = 150, freq = 'W')
# 创建年、月、日、时和分的特征
dataframe['year'] = dataframe['date']. dt. year
dataframe['month'] = dataframe['date']. dt. month
dataframe['day'] = dataframe['date']. dt. day
dataframe['hour'] = dataframe['date']. dt. hour
```

```
dataframe['minute'] = dataframe['date'].dt.minute
# 查看 3 行
dataframe.head(3)
```

	date	year	month	day	hour	minute
0	2001-01-07	2001	1	7	0	0
1	2001-01-14	2001	1	14	0	0
2	2001-01-21	2001	1	21	0	0

复习思考题

3-1 描述性统计量有哪些？请列举至少 5 种，并解释它们的用途。

3-2 解释 groupby 和 resample 在数据预处理中的作用及其区别。

3-3 在数据合并时，inner join、outer join、left join 和 right join 各有什么特点？

3-4 使用 MinMaxScaler 函数对第 3.1 节提到的 online_data.csv 数据集的 YM_Weight 列与 JM_Ash 列进行归一化处理。

4 数据可视化

数据可视化是以图形或图表的形式展示数据。数据可视化后可以更加直观、快速地理解数据，发现数据的关键点。通过可视化，复杂的机器学习问题可以以更直观、易理解的方式呈现，促进团队协作和决策过程。本章将重点介绍 Python 中最常用的可视化工具——Matplotlib。

Matplotlib 提供了广泛的绘图功能，适用于科学计算、数据分析、机器学习等领域，尤其适用于中小规模的数据集和对可视化定制要求较高的场景。通过 pip install matplotlib 命令进行安装 Matplotlib 库后，用 Matplotlib 画图一般需要以下流程：导入模块、创建画布、制作图形、美化图片（添加各类标签和图例）、保存并显示图表。

4.1 绘制折线图

表 4-1 是某选煤厂生产班组的化验情况，请依据灰分数据绘制一个折线图，展现选煤厂当班生产的煤质化验情况。

表 4-1　当班煤质化验情况

编号	化验员	灰分/%	水分/%
1	A	8.53	7.4
2	A	8.71	6.7
3	A	8.89	7.0
4	A	8.69	6.9
5	B	8.56	6.5
6	B	8.78	6.5
7	B	8.60	7.3
8	B	8.76	6.8

方　案

导入 matplotlib. pyplot 模块，使用 plt. plot( ) 函数绘制折线图，如图 4-1 所示。

```
# 加载库
import matplotlib. pyplot as plt
# 准备数据
x=[1,2,3,4,5,6,7,8]   # x 轴数据
y=[8.53,8.71,8.89,8.69,8.56,8.78,8.60,8.76] # y 轴数据
# 创建画布
```

```
plt. figure(figsize = (10,10),dpi = 100)
# 绘制折线图
plt. plot(x,y)
# 添加标签
plt. xlabel("Time/h")
plt. ylabel("Ash")
# 保存图像
plt. savefig('plot. png')
# 显示图像
plt. show()
```

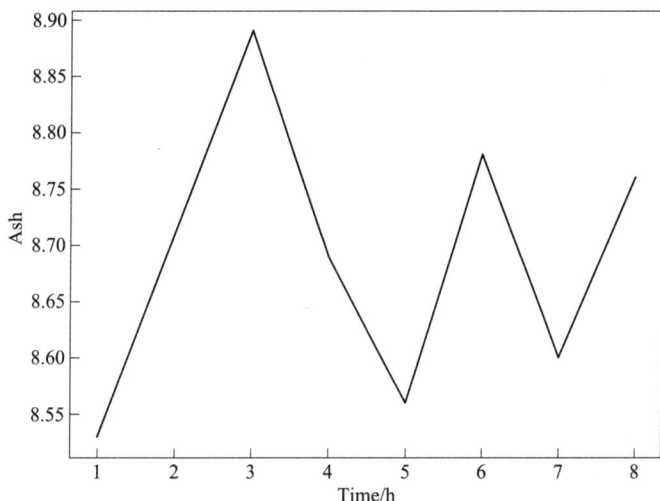

图 4-1　使用 plt. plot() 函数绘制的折线图

讨　论

折线图是一种将数据点按照顺序连接起来的图形，其能够显示数据的变化趋势，反映事物的变化情况。

plot() 函数的基本语法如下：

plt. plot(x,y,label,color,linewidth,linestyle)或 plt. plot(x,y,fmt,label)

其中，x，y——所绘制的图形中各点位置在 x 轴和 y 轴上的数据，用数组表示；

　　　　label——给所绘制的曲线设置一个名字，该名字在图例中显示，只要在字符串前后添加 "$" 符号，Matplotlib 就会使用其内嵌的 LaTeX 引擎来绘制数学公式；

　　　　color——指定曲线的颜色；

　linewidth——指定曲线的宽度；

　linestyle——指定曲线的样式；

　　　　fmt——指定曲线的颜色和线型，如 "b——"，其中 b 表示蓝色，——表示线型为虚线，该参数也称为格式化参数。

在这个示例中，我们添加了图形的标题和坐标轴的标签，在 pyplot 中添加的各类标签和图例函数主要包括：

（1）plt. xlabel。指定 x 轴的名称，可以指定位置、颜色、字体大小等参数。

（2）plt. ylabel。指定 y 轴的名称，可以指定位置、颜色、字体大小等参数。

（3）plt. title。指定图、表的标题，可以指定标题名称、位置、颜色、字体大小等参数。

（4）plt. xlim。指定图形 x 轴的范围，只能输入一个数值区间，不能使用字符串。

（5）plt. ylim。指定图形 y 轴的范围，只能输入一个数值区间，不能使用字符串。

（6）plt. xticks。指定 x 轴刻度的数目与取值。

（7）plt. yticks。指定 y 轴刻度的数目与取值。

（8）plt. legend。指定当前图形的图例，可以指定图例的大小、位置和标签。

4.2　绘制散点图

针对表 4-1 的数据，依据水分数据绘制一个散点图，展现煤质水分的波动情况。

方　案

导入 matplotlib. pyplot 模块，使用 plt. scatter( ) 函数绘制散点图，如图 4-2 所示。

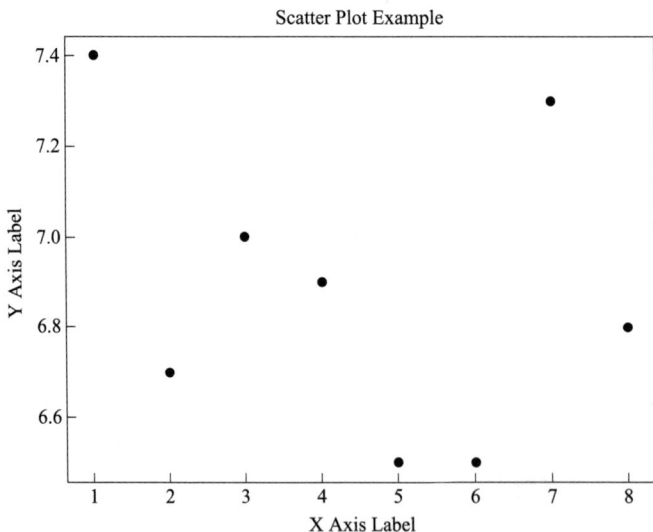

图 4-2　使用 plt. scatter( ) 函数绘制的散点图

```
# 加载库
import matplotlib. pyplot as plt
# 准备数据
x=[1,2,3,4,5,6,7,8]  # x 轴数据
y=[7.4,6.7,7.0,6.9,6.5,6.5,7.3,6.8] # y 轴数据
# 创建散点图
plt. scatter(x,y)
```

```
# 添加标题和标签
plt. title('Scatter Plot Example')
plt. xlabel('X Axis Label')
plt. ylabel('Y Axis Label')
# 显示图形
plt. show( )
# 保存图像
plt. savefig('scatter. png')
```

讨 论

散点图是一种以一个变量为横坐标，以另一个变量为纵坐标，利用坐标点（散点）的分布形态反映变量间的统计关系的图形。其特点是判断变量之间是否存在数量关联趋势，展示离群点（分布规律）。

scatter( ) 函数的基本语法如下：

plt. scatter(x,y,s=None,c=None,marker=None,alpha=None, * * kwargs)

其中，x——散点图中各个点的横坐标，可以是一个数组或者列表；

y——散点图中各个点的纵坐标，可以是一个数组或者列表；

s——点的大小，默认为20，也可以是一个数组，数组的每个参数为对应点的大小；

c——点的颜色，默认为蓝色（b），也可以是 RGB 或 RGBA 二维行数组；

marker——点的样式，默认为小圆圈"〇"；

alpha——透明度设置，0~1，默认为 None，即不透明。

因此可以通过 s 参数控制点的大小，c 参数控制点的颜色，marker 参数控制点的标记样式，此时散点图便形成了气泡图。气泡的大小、位置和颜色也可以传递额外的信息。气泡图常用于分析多元数据，特别是在需要考虑多个变量之间关系的情况下。

如以点的大小为 100，颜色为红色，标记为圆形的代码如下，生成的散点图如图 4-3 所示。

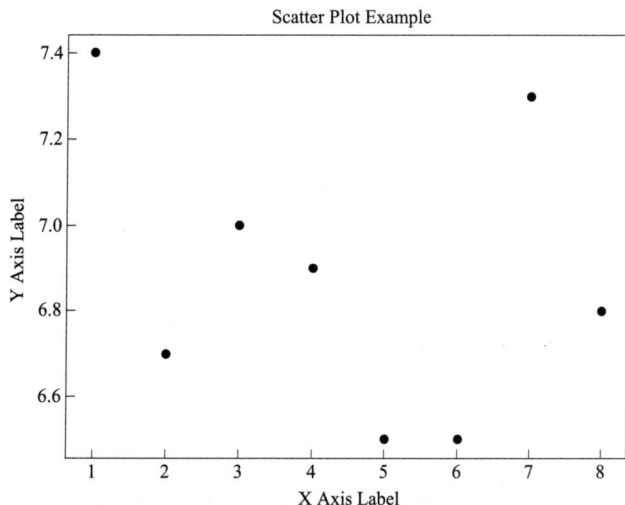

图 4-3　点的大小为 100，颜色为红色，标记为圆形的散点图

```
plt.scatter(x,y,s=100,c='red',marker='o')    # 点的大小为100,颜色为红色,标记为圆形
```

4.3 绘制柱状图

现有 5 个生产班，每个班生产的精煤平均灰分是 10%、12%、11%、20%、13%，绘制柱状图并比较差异。

方　案

使用 matplotlib 库绘制每班产品质量的柱状图，具体代码如下，绘制出的柱状图如图 4-4 所示。

```python
# 导入库
import matplotlib.pyplot as plt
# 定义每个班生产的精煤平均灰分
coal_ash=[10,12,11,20,13]
# 创建一个柱状图
plt.bar(range(len(coal_ash)),coal_ash)
# 添加标题和标签
plt.title('coal ash in each class')
plt.xlabel('class')
plt.ylabel('coal ash,%')
# 显示图形
plt.show()
```

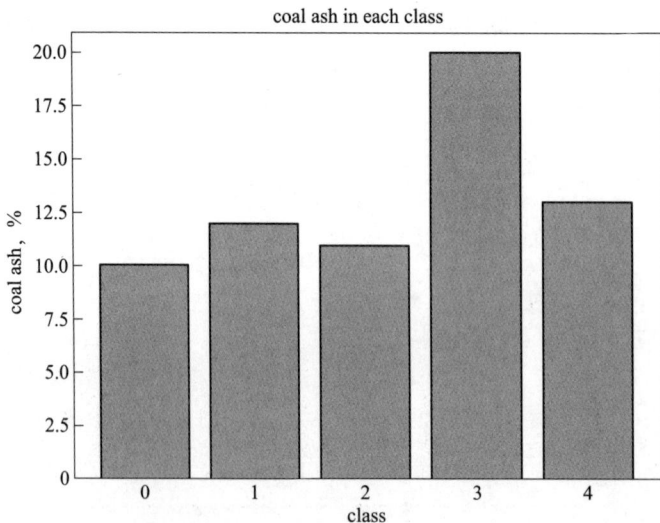

图 4-4 使用 matplotlib 库绘制的柱状图

讨 论

柱状图是一种以长方形的长度为变量的表达图形的统计报告图，由一系列高度不等的纵向条纹表示数据的分布情况，其特点是能够直观展示离散数据，比较数据之间的差别。具体代码为：

```
plt. bar(x,width,align = 'center', * * kwargs)
```

其中，x——需要传递的数据；

width——柱状图的宽度；

align——可选的，表示条形边缘和坐标轴标签的对齐方式，可以是"center" "edge"或"left"/"right"，默认为"center"。

针对本节问题，我们希望将具体数值显示在柱状图上面，并且将柱状图的宽度变成0.5，同时横坐标用class1、class2、class3、class4、class5进行标识，具体代码如下，生成的柱状图如图4-5所示。

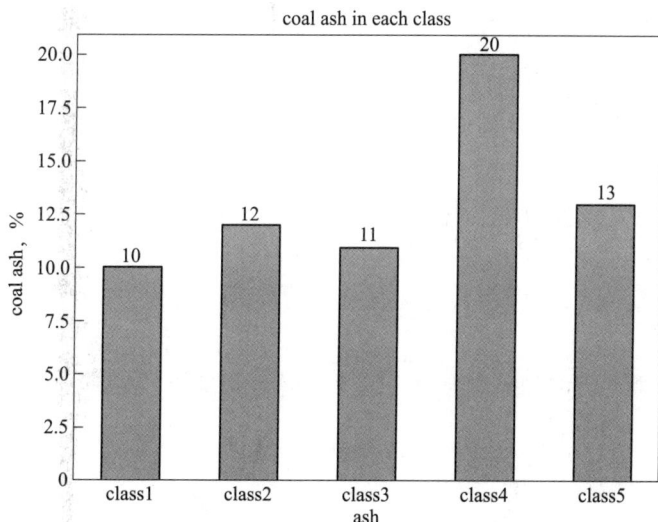

图4-5 柱状图上有具体数值且柱状图宽度为0.5的柱状图

```
# 导入库
import matplotlib. pyplot as plt
# 定义每个班生产的精煤平均灰分
coal_ash = [10,12,11,20,13]
# 创建一个柱状图
plt. bar(range(len(coal_ash)),coal_ash,width = 0.5)
# 在每个柱子上添加标签
for i in range(len(coal_ash)):
    plt. annotate(f"{coal_ash[i]}",(i,coal_ash[i]),textcoords = "offset points",xytext = (0,3),ha = 'center')
# 设置横坐标的标签为特定的字符串标识
```

```
plt.xticks(range(len(coal_ash)),['class1','class2','class3','class4','class5'])
# 添加标题和标签
plt.title('coal ash in each class')
plt.xlabel('class')
plt.ylabel('coal ash,%')
# 显示图形
plt.show()
```

这段代码在每个柱子的顶部添加了数值标签。annotate 函数的第一个参数是要显示的文本，第二个参数是文本的位置，第三个参数 textcoords = "offset points" 设置了文本位置相对于图形的点坐标，xytext = (0，10) 设置了文本相对于柱子的偏移量，ha = 'center' 设置了文本的水平对齐方式为居中。同时，在创建柱状图时指定 width = 0.5，即将柱子的宽度设置为 0.5。

bar() 函数中的 error_kw 参数用于自定义误差条的外观和行为。它是一个字典，包含以下关键字参数：

color：用于设置误差条的颜色。

ecolor：用于设置误差条边缘的颜色。

linewidth：用于设置误差条线宽。

capsize：用于设置误差条端点的大小。

marker：用于设置误差条端点的标记样式。

markersize：用于设置误差条端点标记的大小。

通过使用 error_kw 参数可以自定义误差条的外观和行为，以更好地匹配数据和图表风格。

将本例产品平均质量增加一个随机误差，具体代码如下，生成图如图 4-6 所示。

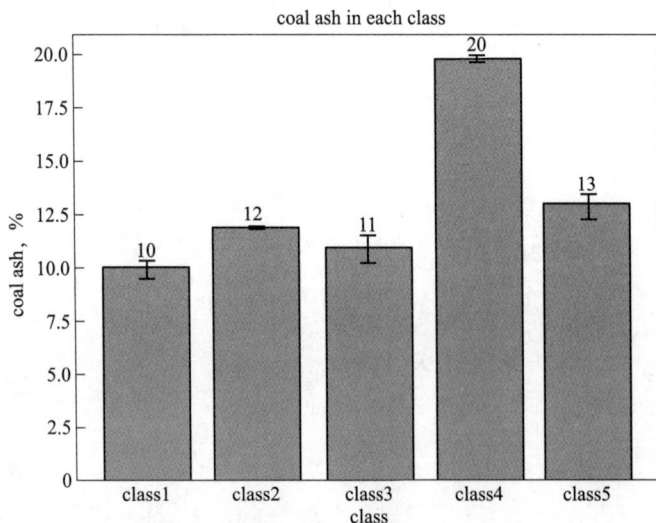

图 4-6　增加随机误差生成的图

```
# 设置一个随机误差
yerr=np. random. rand(5)
# 绘制条形图并添加误差条
plt. bar(range(len(coal_ash)),coal_ash,yerr=yerr,error_kw=dict(ecolor='gray',capsize=5,linewidth=2))
```

4.4　分组柱状图

　　某选煤厂主要有 3 种产品的精煤，在 2021 年四个季度中销量各异，试绘制出该选煤厂 2021 年四个季度的 3 种产品销售情况的柱状图。

方　案

　　使用 matplotlib 库绘制分组（并列）柱状图。并列柱状图是指在 X 轴的同一个位置同时绘制多个柱状图，主要通过调整柱状图的宽度来实现，通过将不同类别的柱状图设置成不同的颜色及纹理使它们更容易区分。

　　具体代码如下，得到的柱状图如图 4-7 所示。

```
# 导入库
import numpy as np
import matplotlib. pyplot as plt
# 读取销售数据,此处为假定值,单位为万吨。
coal1=[36,29,43,43]
coal2=[27,34,39,40]
coal3=[30,27,40,45]
# 设置横坐标
X=np. arange(4)
# 绘制柱状图
plt. bar(X-0. 2,coal1,color='b',edgecolor='black',hatch='\\',width=0. 2)
plt. bar(X+0. 00,coal2,color='g',edgecolor='black',hatch=' * ',width=0. 2)
plt. bar(X+0. 2,coal3,color='r',edgecolor='black',hatch='o',width=0. 2)
# 在柱状图上标注数据
for i in range(len(coal1)):
    plt. text(i-0. 2,coal1[i]+0. 5,str(coal1[i]),ha='center',fontsize=10)
    plt. text(i+0. 0,coal2[i]+0. 5,str(coal2[i]),ha='center',fontsize=10)
    plt. text(i+0. 2,coal3[i]+0. 5,str(coal3[i]),ha='center',fontsize=10)
# 设置横坐标名称
X_label=['quarter1','quarter2','quarter3','quarter4']
# 设置横坐标的标签为特定的字符串标识
plt. xticks(range(len(coal1)),X_label)
# 设置图例标签
label=['coal1','coal2','coal3']
# 设置图表标题和坐标轴标签
plt. title('The coal sales of the factory')
```

```
plt. xlabel('Quarter')
plt. ylabel('Sales volume')
# 显示图例和网格线
plt. legend(label)
plt. grid(True)
# 显示图表
plt. show()
```

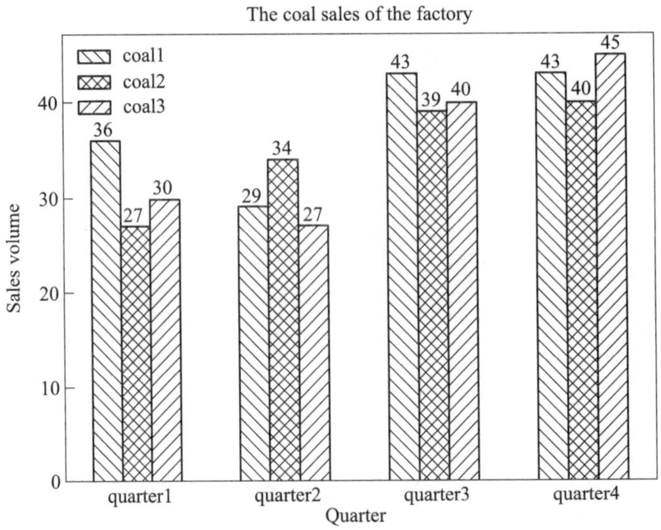

The coal sales of the factory

图 4-7 不同产品销售情况柱状图

讨 论

在上述代码中，使用 3 组 bar() 函数来绘制并列的柱状图。通过设置柱状图的宽度 width=0.2 确定横坐标平移的距离，使得每个柱状图恰好紧邻；然后通过 text() 函数实现数据标识，通过具体的位置标记每个柱状图的大小。

bar() 函数还提供了一个可选参数 bottom，该参数可以指定柱状图开始堆叠的起始值，一般从底部柱状图的最大值开始，依次类推。因此，柱状图可以绘制出一种堆叠柱状图。所谓堆叠柱状图就是将不同数组别的柱状图堆叠在一起，堆叠后的柱状图高度显示了两者相加的结果值。

以某公司不同选煤厂不同产品的销售情况为例，绘制堆叠柱状图，具体代码如下，堆叠柱状图如图 4-8 所示。

```
# 导入库
import numpy as np
import matplotlib. pyplot as plt
# 输入数据
plants = ['plant1','plant2','plant3','plant4','plant5']
cleancoal = np. array([38,17,26,19,15])
```

```
middlingcoal = np. array([37,23,18,18,10])
tailings = np. array([46,27,26,19,17])
# 此处的_下划线表示将循环取到的值放弃,只得到[0,1,2,3,4]
ind = [x for x,_ in enumerate(plants)]
# 绘制堆叠图
# 清洁煤在最上面
plt. bar(ind,cleancoal,width = 0. 5,label = 'cleancoal',
        color = 'red',bottom = middlingcoal+tailings)
# 中煤其次
plt. bar(ind,middlingcoal,width = 0. 5,label = 'middlingcoal',
        color = 'green',bottom = tailings)
# 尾矿在最下面
plt. bar(ind,tailings,width = 0. 5,label = 'tailings',color = 'blue')
# 设置坐标轴
plt. xticks(ind,plants)
plt. ylabel("Product sales")
plt. xlabel("Plants")
plt. legend(loc = "upper right")
plt. title("Sales of different products in different coal preparation plants")
plt. show()
```

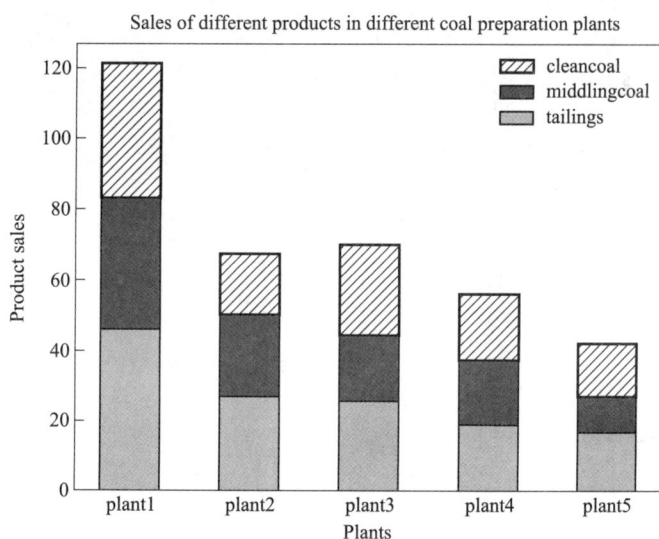

图 4-8　不同产品销售情况堆叠柱状图

4.5　绘制双轴图

在一些应用场景中，有时需要绘制两个 x 轴或两个 y 轴，这样可以更直观地显现图像，从而获取更有效的数据。可选性曲线是根据浮沉试验结果绘制的，用以表示煤的可选性的一组曲线。包括灰分特征曲线（λ）、浮物曲线（β）、沉物曲线（θ）、密度曲线（δ）和分选密度±0.1 取线（ε）。试绘制一个双 y 轴的折线图。

方　案

双轴也是 matplotlib 的一种基本使用。matplotlib 提供的 twinx( ) 和 twiny( ) 函数，除可以实现绘制双轴的功能外，还可以使用不同的单位来绘制曲线，如一个轴绘制对数函数，另外一个轴绘制指数函数。

下面是一个简单的例子，绘制的双轴图如图 4-9 所示。

```
# 导入库
import numpy as np
import matplotlib. pyplot as plt
# 创建数据
x = np. linspace(0,10,100)
y1 = np. sin(x)
y2 = [(i * * 2) for i in x]
# 创建第一个子图
fig, ax1 = plt. subplots( )
ax1. plot(x,y1,'r')    # 使用红色绘制 y1
ax1. set_xlabel('X Axis 1')    # x 轴标签
ax1. set_ylabel('Y Axis 1',color='r')    # y 轴标签,颜色设置为红色
# 使用 twinx( ) 创建第二个子图,并设置其 y 轴标签和颜色
ax2 = ax1. twinx( )
ax2. plot(x,y2,'b')    # 使用蓝色绘制 y2
ax2. set_ylabel('Y Axis 2',color='b')    # y 轴标签,颜色设置为蓝色
plt. show( )
```

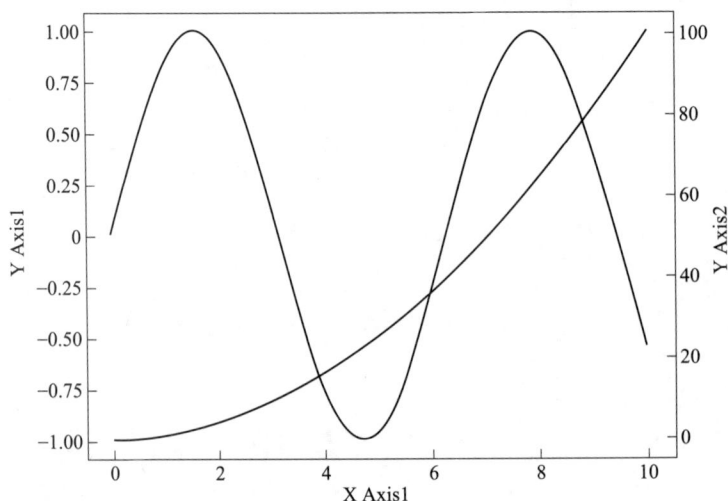

图 4-9　双轴图

讨 论

twinx( ) 是 matplotlib 中的一个函数，用于创建一个与现有轴共享 x 轴，但 y 轴不同的第二个轴，即可以在同一个图上展示两种不同类型的数据，但 y 轴的范围和刻度可以是不同的。使用 twinx( ) 创建的第二个 y 轴可以独立控制其 y 轴的范围和刻度。

本节方案创建了一个包含两个子图的图形（见图 4-9）。第一个子图显示 $\sin(x)$ 的值，第二个子图显示 x^2 的值。两个子图共享同一个 x 轴，但它们的 y 轴范围和刻度是独立的。在双轴图上，所有针对坐标轴的操作都能单独针对每个图进行。

4.6　多　图　布　局

matplotlib. pyplot 模块提供了 3 种子图绘制方式，分别是 subplot( ) 函数、subplots( ) 函数及 subplot2gird( ) 函数。试在一个图形中绘制多个子图形。

方案1

使用 subplot( ) 函数创建多个子图（subplot），以便同时显示多个图形。代码如下，生成图如图 4-10 所示。

```python
# 导入库
import matplotlib. pyplot as plt
import numpy as np
# 生成数据
x = np. linspace(0,10,100)
y1 = np. sin(x)
y2 = np. cos(x)
# 创建图形和子图
fig = plt. figure()
ax1 = fig. add_subplot(2,2,1)    # 创建一个2x2的子图网格，并在第1个位置上创建子图
ax2 = fig. add_subplot(2,2,2)    # 在第 2 个位置上创建子图
ax3 = fig. add_subplot(2,2,3)    # 在第 3 个位置上创建子图
ax4 = fig. add_subplot(2,2,4)    # 在第 4 个位置上创建子图
# 在各个子图上绘制数据
ax1. plot(x,y1)
ax1. set_title('Subplot 1')
ax2. plot(x,y2)
ax2. set_title('Subplot 2')
ax3. plot(x,y1)
ax3. set_title('Subplot 3')
ax4. plot(x,y2)
ax4. set_title('Subplot 4')
# 显示图形
plt. show()
```

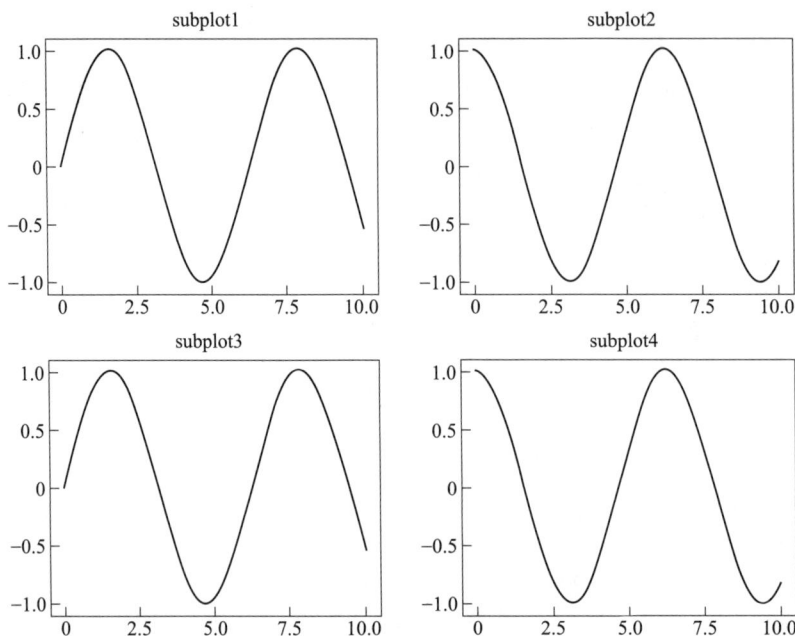

图 4-10　使用 subplot 函数创建图形

讨　论

上述示例中使用 subplot（）函数创建了一个 2×2 的子图网格，并在每个位置绘制了不同的数据。通过设置 nrows 和 ncols 参数可以控制子图的网格布局。以下是 subplot（）函数的常用参数和说明：

nrows，ncols：行数和列数，用于指定子图的网格布局。如 nrows＝2，ncols＝3，表示将创建一个 2×3 的子图网格。

sharex，sharey：布尔值，用于指定是否共享 x 轴或 y 轴。如果设置为 True，则多个子图将共享相同的轴。

gridspec_kw：用于自定义网格布局的字典参数，如设置网格间距、边距等。

ax：可选参数，用于指定子图对象。如果不提供此参数，则会自动创建一个新的子图对象。

figure：可选参数，用于指定包含子图的图形对象。如果不提供此参数，则会自动创建一个新的图形对象。

方案2

matplotlib. pyplot 模块提供的 subplots（）函数和 subplot（）函数的不同之处在于，subplots（）既创建了一个包含子图区域的画布，又创建了一个 figure 图形对象，而 subplot（）只是创建一个包含子图区域的画布。

使用 subplots（）函数创建图形代码如下，生成图如图 4-11 所示。

```
# 导入库
import matplotlib. pyplot as plt
import numpy as np
# 生成数据
x = np. linspace(0,10,100)
y1 = np. sin(x)
y2 = np. cos(x)
# 创建图形和子图
fig,axs = plt. subplots(2,2,figsize = (8,6),subplot_kw = {'title': 'Subplot Title'})
ax1 = axs[0,0]    # 获取第 1 行第 1 列的子图对象
ax2 = axs[0,1]    # 获取第 1 行第 2 列的子图对象
ax3 = axs[1,0]    # 获取第 2 行第 1 列的子图对象
ax4 = axs[1,1]    # 获取第 2 行第 2 列的子图对象
# 在各个子图上绘制数据
ax1. plot(x,y1)
ax2. plot(x,y2)
ax3. plot(x,y1)
ax4. plot(x,y2)
# 显示图形
plt. show()
```

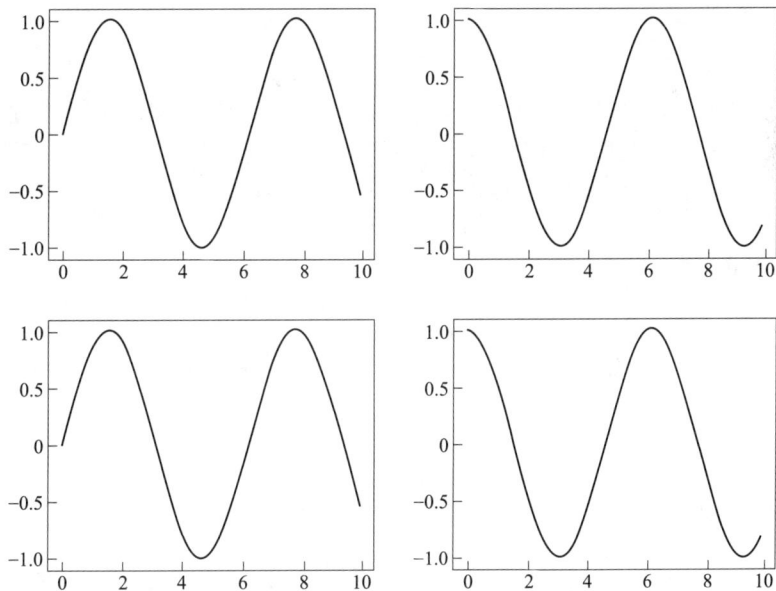

图 4-11 使用 subplots 函数创建图形

讨 论

上述示例中使用 subplots() 函数创建了一个 2×2 的子图网格，并在每个位置绘制了不同的数据。通过设置 nrows 和 ncols 参数可以控制子图的网格布局。代码中还使用了 figsize

参数来指定图形的大小，并使用 subplot_kw 来设置子图的标题。最后通过索引来访问各个子图对象，并在其上绘制数据。以下是 subplots（）函数的常用参数和说明：

nrows，ncols：行数和列数，用于指定子图的网格布局。如 nrows = 2，ncols = 3，表示将创建一个 2×3 的子图网格。

sharex，sharey：布尔值，用于指定是否共享 x 轴或 y 轴。如果设置为 True，则多个子图将共享相同的轴。

gridspec_kw：用于自定义网格布局的字典参数，如设置网格间距、边距等。

figsize：一个元组，用于指定图形的大小（以英寸为单位）。如 figsize = (8，6)，表示将创建一个 8×6 英寸的图形。

subplot_kw：一个字典，用于传递给 add_subplot（）的关键字参数，用于自定义子图的布局和属性。

gridspec：一个 GridSpec 对象，用于更高级的网格布局自定义。

figure：可选参数，用于指定包含子图的图形对象。如果不提供此参数，则会自动创建一个新的图形对象。

方案 3

subplot2grid（）函数能够在画布的特定位置创建 axes 对象，即绘图区域。不仅如此，它还可以使用不同数量的行、列来创建跨度不同的绘图区域。与 subplot（）和 subplots（）函数不同，以非等分的形式对画布进行切分，并按照绘图区域的大小来展示最终绘图结果。

subplot2gird（）函数具体代码如下，生成图如图 4-12 所示。

```python
# 导入库
import matplotlib. pyplot as plt
# 使用 colspan 指定列,使用 rowspan 指定行
a1 = plt. subplot2grid((3,3),(0,0),colspan = 2)
a2 = plt. subplot2grid((3,3),(0,2),rowspan = 3)
a3 = plt. subplot2grid((3,3),(1,0),rowspan = 2,colspan = 2)
'''
shape:把该参数值规定的网格区域作为绘图区域;
location:在给定的位置绘制图形,初始位置（0,0）表示第 1 行第 1 列;
rowsapan/colspan:这两个参数用来设置让子区跨越几行几列。
'''
import numpy as np
x = np. arange(1,10)
a2. plot(x,x * x)
a2. set_title('square')
a1. plot(x,np. exp(x))
a1. set_title('exp')
a3. plot(x,np. log(x))
a3. set_title('log')
plt. tight_layout()
plt. show()
```

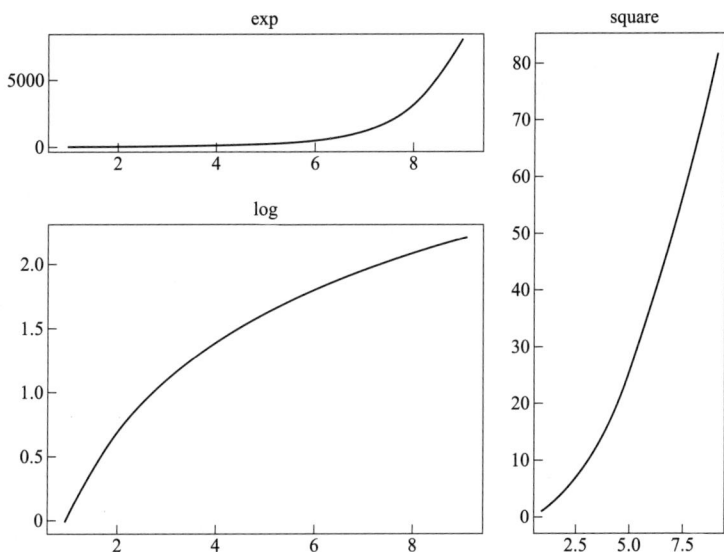

图 4-12　使用 subplot2gird（）函数创建图形

┌─ **讨　论** ─┐

　　subplot2grid（）函数比 subplot（）和 subplots（）更加灵活，因为它允许用户在任意位置和大小上创建子图。以下是 subplot2grid（）函数的常用参数和说明：

　　fig：一个 Figure 对象，指定包含子图的图形对象。

　　pos：一个元组，指定子图在图形中的位置。如 pos =（1，1，1，1），表示将创建一个占据整个图形区域的子图。

　　＊＊rowspan，colspan＊＊：整数，用于指定子图跨越的行数和列数。

　　ax：可选参数，用于指定子图对象。如果不提供此参数，则会自动创建一个新的子图对象。

　　sharex，sharey：布尔值，用于指定是否共享 x 轴或 y 轴。如果设置为 True，则多个子图将共享相同的轴。

　　gridspec_kw：用于自定义网格布局的字典参数，如设置网格间距、边距等。

　　label：可选参数，用于给子图设置标签。

4.7　局部放大图

　　除了子图，数据分析中有时还需绘制图中图，即在原图形区域中创建一个新的图形区域来放大显示部分图形。

┌─ **方　案** ─┐

　　使用 Matplotlib 中 axes 类的 add_axes（）方法绘制图中图。具体代码如下，生成图如图 4-13 所示。

```
# 导入库
import matplotlib. pyplot as plt
import numpy as np
import math
x = np. arange(0,math. pi * 2,0. 05)
fig = plt. figure()
axes1 = fig. add_axes([0. 1,0. 1,0. 8,0. 8]) # main axes
axes2 = fig. add_axes([0. 55,0. 55,0. 3,0. 3]) # inset axes
y = np. sin(x)
axes1. plot(x,y,'b')
axes2. plot(x,np. cos(x),'r')
axes1. set_title('sine')
axes2. set_title("cosine")
plt. show()
```

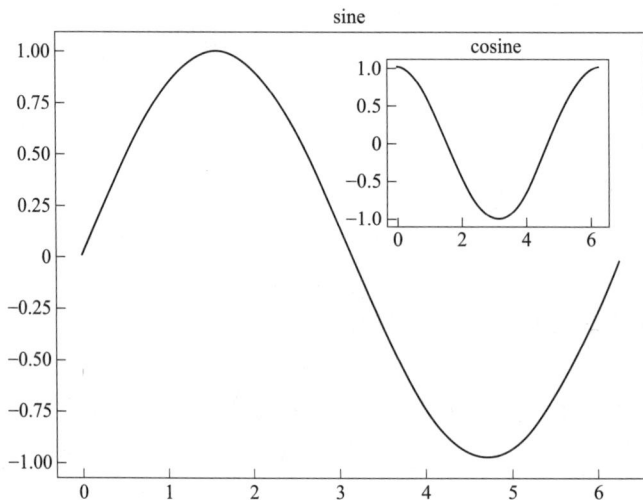

图 4-13　使用 Matplotlib 中 axes 类的 add_axes() 方法绘制图中图

讨　论

Matplotlib 定义了一个 axes 类（轴域类），该类的对象被称为 axes 对象，即轴域对象，它指定了一个有数值范围限制的绘图区域。2D 绘图区域（axes）包含两个轴（axis）对象，3D 绘图区域则包含 3 个。

axes 类可以理解为在一个给定的画布（figure）中确定可以绘图的位置，因此一个 figure 对象（画布）可以包含多个 axes 对象（绘图区域），但是同一个 axes 对象只能在一个画布中使用。figure 对象通过调用 add_axes() 方法能够将 axes 对象添加到画布中。该方法可用来生成一个 axes 轴域对象，对象的位置由参数 rect 决定。rect 是位置参数，接受一个由 4 元素组成的浮点数列表，形如 [left，bottom，width，height]，它表示添加到画布中的矩形区域的左下角坐标（x，y），以及宽度和高度。也可以通过给画布添加 axes 对象实现在同一画布中插入另外的图像。

4.8　绘制箱线图

针对第4.1节的当班煤质化验情况表，试绘制统计图形分析灰分和水分数据的分散情况。

方　案

使用 matplotlib 库的 boxplot 函数绘制出每班产品质量箱型图。具体代码如下，每班产品质量箱线图如图4-14所示。

```
# 导入库
import matplotlib. pyplot as plt
# 准备多个数据集
data1 = [8.53,8.71,8.89,8.69,8.56,8.78,8.60,8.76] # ash
data2 = [7.4,6.7,7.0,6.9,6.5,6.5,7.3,6.8] # water
# 绘制多个箱线图
plt. boxplot([data1,data2])
# 设置标题和轴标签
plt. title("Multiple Box Plots")
plt. xlabel("Data")
plt. ylabel("Values")
# 设置 x 轴刻度标签
plt. xticks([1,2],['Data 1','Data 2'])
# 显示图像
plt. show()
```

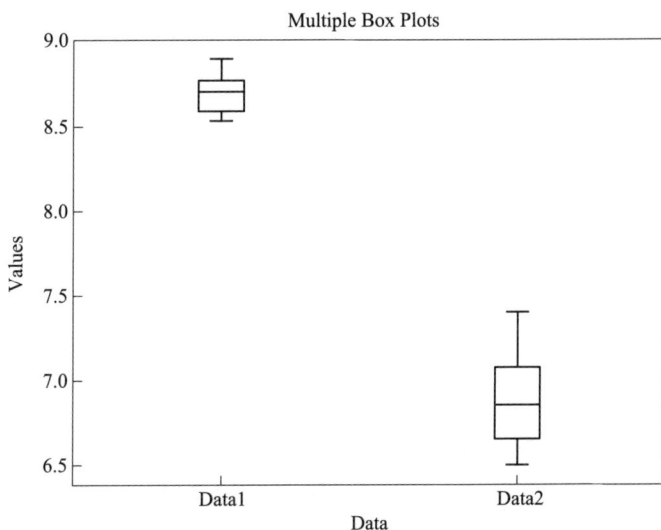

图 4-14　每班产品质量箱型图

讨　论

箱线图是一种常用的数据可视化方式，用于展示数据的分布情况和异常值检测。箱线图由最小值、第一四分位数（Q1）、中位数（Q2）、第三四分位数（Q3）和最大值 5 个统计量组成。

boxplot( ) 函数的基本语法如下：

plt. boxplot(x, notch = None, whis = None, patch_artist = None, labels = None, ＊＊kwargs)

其中，　　　x——要绘制箱线图的数据（可以是单个数组或多个数组列表）；

notch——是否显示中位数区间的凹口（True 或 False，默认为 False）；

whis——设置须的长度，默认为 1.5，可以是浮点数或浮点数列表；

patch_artist——是否填充箱体颜色（True 或 False，默认为 False）；

labels——指定每个箱线图的标签，可以是字符串列表。

复习思考题

4-1　请简述 matplotlib 库在数据可视化中的作用，并说明如何安装和导入该库。

4-2　散点图与折线图有何不同？请举例说明散点图在数据分析中的应用场景。

4-3　柱状图的主要特点是什么？请简述使用 matplotlib 绘制柱状图的步骤，并说明如何在柱状图上添加数据标签。

4-4　双轴图在数据分析中有什么优势？尝试使用 matplotlib 绘制可选性曲线。

4-5　请结合实际应用场景，说明如何选择合适的图表类型来展示不同类型的数据，并简述在使用 matplotlib 进行数据可视化时需要注意的事项。

5 图 像 处 理

计算机图像处理是一种将图像信号数字化后利用计算机进行处理的过程。随着计算机科学、电子学和光学的发展，数字图像处理已广泛应用到诸多领域。矿物加工过程计算机视觉应用系统和关键技术在选矿、破碎、浮选过程具有巨大潜力。

本章使用开源计算机视觉库（OpenCV）处理图像，将原始图像转换为算法可用的特征。虽然有许多优秀的图像处理库，但 OpenCV 是使用最多且文档也是最详细的。

5.1 加 载 图 像

图像预处理的第一步是读取图像。现有一矿石图像（见图 5-1）存于根目录中，请将其载入程序并预览。

图 5-1 矿石原图

方 案

使用 OpenCV 的 imread 代码如下，生成图如图 5-2 所示。

```
# 加载库
import cv2
import numpy as np
from matplotlib import pyplot as plt
# 把图像导入成灰度图
image = cv2. imread( "gangue. jpg" ,cv2. IMREAD_GRAYSCALE)
如果想查看图像,可以使用 Python 的绘图库 matplotlib:
# 显示图像
plt. imshow( image,cmap = " gray" ) ,plt. axis( " off" )
plt. show( )
```

图 5-2　使用 OpenCV 的 imread 加载图像

讨　论

从本质上说，图像也是数据，而且调用 imread 方法时，程序会将图像数据转换为非常熟悉的数据类型——NumPy 数组，代码如下。

```
# 显示数据类型
type(image)
```

numpy. ndarray

接下来把这张图像转换成一个矩阵，矩阵中的元素与原图像中的像素点一一对应。用下面的命令可以查看矩阵的值。

```
# 显示图像数据
image
```

array ([[47 46 47 . . . 66 69 70]
　　[49 48 50. . . 74 67 68]
　　[48 49 51. . . 71 71 71]
　　. . .
　　[56 57 60. . . 65 63 62]
　　[62 61 63. . . 66 62 62]
　　[65 61 61. . . 67 66 66]])

图像的分辨率是 180×194，和矩阵的维度完全相同，用下面的命令显示矩阵的维度。

```
# 显示矩阵维度
image. shape
```

array ((181,194))

矩阵中的每个元素实际代表什么呢？对于灰度图像，矩阵元素的值代表对应像素的灰度值。灰度值在 0（黑色）到 255（白色）之间变化。

```
# 显示第一个像素点的像素值
image[0,0]
```
----
array (47)

在下面的矩阵中，每个元素包含三个值，分别对应蓝色（B）、绿色（G）和红色（R）分量，具体代码如下。

```
# 以彩色模式加载图像
image_bgr=cv2. imread( "gangue. jpg" ,cv2. IMREAD_COLOR)
# 显示像素值
image_bgr[0,0]
```
----
array ([45 47 47])

注：OpenCV 默认使用 BGR 格式，但许多图像应用程序（包括 matplotlib）使用 RGB 格式（红、绿、蓝），也就是说，红色和蓝色分量的值对调了位置。要在 matplotlib 中正确显示 OpenCV 彩色图像，需要先将颜色转换为 RGB 格式，具体代码如下，转换为 RGB 图像如图 5-3 所示。

```
# 转换为 RGB 格式
image_rgb=cv2. cvtColor( image_bgr,cv2. COLOR_BGR2RGB)
# 显示图像
plt. imshow( image_rgb) ,plt. axis( "off" )
plt. show( )
```

图 5-3　RGB 图像

5.2　保 存 图 像

为了对图像进行预处理，将图 5-3 以灰度图像形式进行保存。

方　案

使用 OpenCV 的 imwrite 转换灰度图像。

```
# 加载库
import cv2
import numpy as np
from matplotlib import pyplot as plt
# 以灰度图的格式导入图像
image＝cv2. imread(" gangue. jpg" ,cv2. IMREAD_GRAYSCALE)
# 保存图像
cv2. imwrite(" images/ore_new. jpg" , image)
------------------------------------------------------------------------------
True
```

讨　论

OpenCV 的 imwrite 将图像保存到指定的文件路径，图像的格式由文件的扩展名（jpg、png 等）决定。需要注意的一点是，imwrite 将直接覆盖现有文件，而不会输出一条错误消息或请求你确认。

5.3　调整图像大小

为了对图像做进一步预处理，需要调整图像大小（图像的像素）。

方　案

使用 resize 方法改变图像大小，具体代码如下，生成图如图 5-4 所示。

```
# 加载图像
import cv2
import numpy as np
from matplotlib import pyplot as plt
# 以灰度图格式导入图像
image＝cv2. imread(" gangue. jpg" ,cv2. IMREAD_GRAYSCALE)
共将图片尺寸调整为 50×50 像素
image_50＝cv2. resize(image,(50,50))
# 查看图像
plt. imshow(image_50,cmap＝" gray" ),plt. axis(" off")
plt. show( )
```

讨　论

调整图像大小是图像预处理中常见的任务，原因有两点：首先，原始图像的形状和大

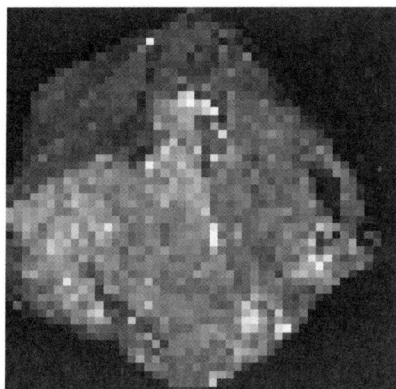

图 5-4 使用 resize 方法改变图像大小

小各异，当被用作特征的图像时必须有相同的大小（像素数）。然而图像大小（像素数）的标准化也会带来一些信息上的损失。图像是包含信息的矩阵，当减小图像的像素时，矩阵的尺寸也会缩小，而其中包含的信息也随之减少。其次，机器学习算法可能需要成百上千张图像，甚至更多。如果这些图像非常大，就会占用大量内存，通过调整图像的大小（像素数）可以大大减少内存使用量。在机器学习中常见的图像规格有 32×32、64×64、96×96 和 256×256。

5.4 裁 剪 图 像

通过裁剪图像边缘来更改其尺寸。

方 案

图像被编码为二维 NumPy 数组后，可以通过对数组切片进行裁剪图像，具体代码如下，裁剪后的图像如图 5-5 所示。

```
# 加载库
import cv2
import numpy as np
from matplotlib import pyplot as plt
# 以灰度图格式加载图像
image = cv2.imread("gangue.jpg", cv2.IMREAD_GRAYSCALE)
# 选择所有的行和前 128 列
image_cropped = image[:, :128]
# 显示图像
plt.imshow(image_cropped, cmap="gray"), plt.axis("off")
plt.show()
```

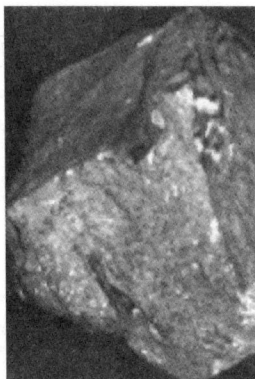

图 5-5　裁剪后的图像

讨 论

　　由于 OpenCV 将图像表示为矩阵，因此选择想要保留的行和列，就可以轻松裁剪图像。如果要保留每张图像的某个部分，这种裁剪方法会特别有用。如果图像来自某个固定的厂房监控摄像头，就可以裁剪所有图像，只保留感兴趣的区域。

5.5　图 像 平 滑

图像平滑是对图像进行平滑处理。

方 案

　　平滑处理图像就是将每个像素的值变换为其相邻像素的平均值。相邻像素和所执行的操作在数学上被表示为一个核；这个核的大小决定了平滑程度，核越大，产生的图像就越平滑。这里用一个 5×5 的核对每个像素周围的值取平均值，以此来平滑处理图像。具体代码如下，平滑后的图像如图 5-6 所示。

```python
# 加载库
import cv2
import numpy as np
from matplotlib import pyplot as plt
# 以灰度图格式加载图像
image = cv2.imread("gangue.jpg", cv2.IMREAD_GRAYSCALE)
# 平滑处理图像
image_blurry = cv2.blur(image, (5,5))
# 显示图像
plt.imshow(image_blurry, cmap = "gray"), plt.axis("off")
plt.show()
```

图 5-6　5×5 的核平滑处理后的图像

为了突出展示核尺寸的影响，下面用 100×100 的核进行相同的平滑操作，平滑后的图像如图 5-7 所示。

```
# 平滑处理图像
image_very_blurry = cv2. blur( image,( 100,100) )
# 显示图像
plt. imshow( image_very_blurry,cmap = "gray" ),plt. xticks( [ ] ),plt. yticks( [ ] ),plt. show( )
```

图 5-7　100×100 的核平滑处理后的图像

讨 论

在图像处理中，核被广泛应用于从图像锐化到边缘检测的所有领域，本章将反复讨论核的处理，使用的平滑核程序如下所示：

```
# 创建核
kernel = np. ones( ( 5,5) ) /25. 0
# 显示核
kernel
```

```
array ([[0.04 0.04 0.04 0.04 0.04]
       [0.04 0.04 0.04 0.04 0.04]
       [0.04 0.04 0.04 0.04 0.04]
       [0.04 0.04 0.04 0.04 0.04]
       [0.04 0.04 0.04 0.04 0.04]])
```

核的中心元素是要处理的像素，而其余元素是该像素的相邻像素。由于所有元素具有相同的值（被归一化为1），因此每个元素对要处理的像素点有相同的权重。可以使用 filter2D 在图像上手动应用核，以产生与上文类似的平滑效果，具体代码如下，生成的图如图5-8所示。

```
# 应用核
image_kernel = cv2. filter2D(image, -1, kernel)
# 显示图像
plt. imshow(image_kernel, cmap = "gray"), plt. xticks([]), plt. yticks([])
plt. show()
```

图 5-8　使用 filter2D 平滑图像

5.6　图　像　锐　化

图像锐化旨在增强图像的边缘和细节，使图像看起来更加清晰和鲜明。

方　案

创建一个能突出显示目标像素的核，然后使用 filter2D 将其应用于图像。具体代码如下，锐化后的图像如图5-9所示。

```
# 加载库
import cv2
import numpy as np
from matplotlib import pyplot as plt
# 以灰度图格式加载图像
image = cv2. imread("gangue. jpg", cv2. IMREAD_GRAYSCALE)
```

```
# 创建核
kernel = np. array ([[0,-1,0],
                   [-1,5,-1],
                   [0,-1,0]])
# 锐化图像
image_sharp = cv2. filter2D(image,-1,kernel)
# 显示图像
plt. imshow(image_sharp,cmap = "gray"),plt. axis("off")
plt. show()
```

图 5-9　锐化后的图像

讨　论

锐化的原理与平滑相似，在平滑处理中使用核来平均处理相邻像素的值；而在锐化时，使用的是能突出显示像素自身的核。锐化可以使图像的边缘更加突出。

5.7　提升对比度

提升对比度是增强图像中像素间的对比度。

方　案

直方图均衡是一种图像处理方法，它可以使图像中的物体和形状更加突出。对于灰度图像，可以直接在图像上应用 OpenCV 的 equalizeHist。具体代码如下，提升对比度后的图像如图 5-10 所示。

```
# 加载库
import cv2
import numpy as np
from matplotlib import pyplot as plt
# 加载图像
image = cv2. imread("gangue. jpg",cv2. IMREAD_GRAYSCALE)
```

```
# 增强图像
image_enhanced = cv2. equalizeHist( image)
# 显示图像
plt. imshow( image_enhanced, cmap = "gray"), plt. axis( "off")
plt. show( )
```

图 5-10　灰度图像提升对比度后的图

如果对彩色图像进行增强操作，首先需要将其转换为 YUV 格式，其中 Y 表示亮度，U 和 V 表示颜色。转换后，可以将 equalizeHist 方法应用于此图像，然后将其转换回 BGR 或 RGB 格式。具体代码如下，提升对比度后的图像如图 5-11 所示。

```
# 加载图像
image_bgr = cv2. imread( "gangue. jpg")
# 转换成 YUV 格式
image_yuv = cv2. cvtColor( image_bgr, cv2. COLOR_BGR2YUV)
# 对图像应用直方图均衡
image_yuv[ :,:,0] = cv2. equalizeHist( image_yuv[ :,:,0])
# 转换成 RGB 格式
image_rgb = cv2. cvtColor( image_yuv, cv2. COLOR_YUV2RGB)
# 显示图像
plt. imshow( image_rgb), plt. axis( "off")
plt. show( )
```

图 5-11　彩色图像提升对比度后的图

讨 论

直方图均衡原理简单来说，就是它会转换图像，使像素强度的分布范围更广。

虽然经过直方图均衡后得到的图像往往看起来不"真实"，但图像只是底层数据的可视化表示。如果直方图均衡能够使感兴趣的对象与其他对象或背景区分得更明显（并非总是如此），那么它对图像预处理流水线来说就是一个有价值的补充。

5.8 颜 色 分 离

颜色分离是从图像中提取某一特定颜色的区域或像素，使其与背景或其他颜色区分开，进而突出显示或进一步分析该特定颜色的部分。

方 案

定义一个颜色区间，然后对图像应用一个掩模（mask，在图像处理中也称蒙版）进行颜色分离，阈值分割后的结果如图 5-12 所示。

```python
# 加载库
import cv2
import numpy as np
from matplotlib import pyplot as plt
# 加载图像
image_bgr = cv2.imread('gangue.jpg')
# 将 BGR 格式转换成 HSV 格式
image_hsv = cv2.cvtColor(image_bgr, cv2.COLOR_BGR2HSV)
# 定义 HSV 格式中某一分量区间
lower_blue = np.array([0,0,75])
upper_blue = np.array([255,255,255])
# 创建掩模
mask = cv2.inRange(image_hsv, lower_blue, upper_blue)
# 应用掩模
image_bgr_masked = cv2.bitwise_and(image_bgr, image_bgr, mask=mask)
# 从 BGR 格式转换成 RGB 格式
image_rgb = cv2.cvtColor(image_bgr_masked, cv2.COLOR_BGR2RGB)
# 显示图像
plt.imshow(image_rgb), plt.axis("off")
plt.show()
```

讨 论

在 OpenCV 中分离颜色很简单。首先将图像转换为 HSV 格式（H、S、V 分别代表色调、饱和度、亮度）；其次定义要分离的一系列值，这部分工作可能是最困难和最耗时的；然后为图像创建一个掩模（只保留掩模的白色区域）；最后使用 bitwise_and 方法将掩模应

图 5-12　颜色阈值分割后结果图

用于图像，并将图像转换为所需的输出格式，如图 5-13 所示。

```
# 显示图像
plt. imshow( mask , cmap = 'gray' ) , plt. axis( "off" )
plt. show( )
```

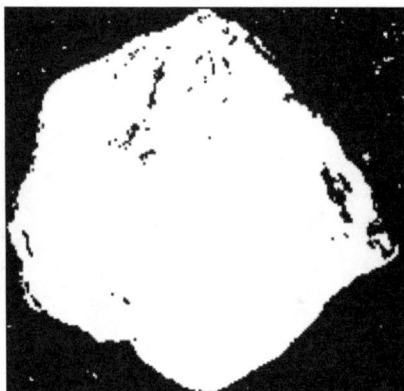

图 5-13　掩模遮挡后结果图

5.9　图像二值化

　　图像二值化是指对图像进行阈值处理，即将强度大于某个阈值的像素设置为白色并将小于该值的像素设置为黑色的过程。还有一种更先进的技术，称为自适应阈值处理，在这种方法中，一个像素的阈值是由其相邻像素的强度决定的。当图像中不同区域的光照条件有差异时，用这种方法处理会很有帮助。

方　案

　　采用自适应阈值处理方法对图像进行处理，代码如下，二值化图像如图 5-14 所示。

```
# 加载库
import cv2
import numpy as np
from matplotlib import pyplot as plt
# 以灰度图像格式加载图像
image_grey = cv2. imread("images/ore_256x256. jpg",cv2. IMREAD_GRAYSCALE)
# 应用自适应阈值处理
max_output_value = 255
neighborhood_size = 99
subtract_from_mean = 10
image_binarized = cv2. adaptiveThreshold(image_grey,
                                         max_output_value,
                                         cv2. ADAPTIVE_THRESH_GAUSSIAN_C,
                                         cv2. THRESH_BINARY,
                                         neighborhood_size,
                                         subtract_from_mean)
# 显示图像
plt. imshow(image_binarized,cmap = "gray"),plt. axis("off")
plt. show()
```

图 5-14　自适应阈值法得到的二值化图像

讨 论

　　自适应阈值处理方法有 4 个重要的参数。其中，参数 max_output_value 用于确定输出像素的最大强度；参数 cv2. ADAPTIVE_THRESH_GAUSSIAN_C 将像素的阈值设置为相邻像素强度的加权和，其权重由高斯窗口确定。还可以将该参数设置为 cv2. ADAPTIVE_THRESH_MEAN_C，使用相邻像素的平均值作为阈值。具体代码如下，新生成的图像如图 5-15 所示。最后两个参数分别是块大小（用于确定像素阈值的邻域大小）和一个用于手动调整阈值的常数（从计算出的阈值中减去该常数）。

```
# 使用 cv2. ADAPTIVE_THRESH_MEAN_C
image_mean_threshold = cv2. adaptiveThreshold ( image_grey,
                                               max_output_value,
                                               cv2. ADAPTIVE_THRESH_MEAN_C,
                                               cv2. THRESH_BINARY, neighborhood_size,
                                               subtract_from_mean)
# 显示图像
plt. imshow( image_mean_threshold, cmap = "gray" ) , plt. axis( "off")
plt. show( )
```

图 5-15   自适应阈值参数为 cv2. ADAPTIVE_THRESH_MEAN_C 的二值化图像

对图像进行阈值处理的一个主要优点是可以对图像去噪，只保留最重要的元素。如对印有文本的照片进行阈值处理，以提取照片上的字母。

5.10 移除背景

移除背景是提取图像中的前景图像。

方案

在所需的前景图像周围画一个矩形，然后运行 GrabCut 算法提取图像中的前景图像（见图 5-16）：

```
# 加载库
import cv2
import numpy as np
from matplotlib import pyplot as plt
# 加载图像，并将其转换为 RGB 格式
image_bgr = cv2. imread( 'gangue. jpg')
image_rgb = cv2. cvtColor( image_bgr, cv2. COLOR_BGR2RGB)
# 矩形的值：左上角的 x 坐标，左上角的 y 坐标，宽、高
rectangle = ( 0, 0, 193, 179)
```

```
# 创建初始掩模
mask = np.zeros(image_rgb.shape[:2], np.uint8)
# 创建 grabCut 函数需要的临时数组
bgdModel = np.zeros((1,65), np.float64)
fgdModel = np.zeros((1,65), np.float64)
# 执行 grabCut 函数
cv2.grabCut(image_rgb,    # 图像
            mask,          # 掩模
            rectangle,     # 矩形
            bgdModel,      # 背景的临时数组
            fgdModel,      # 前景的临时数组
            5,             # 迭代次数
            cv2.GC_INIT_WITH_RECT)  # 使用定义的矩形初始化
# 创建一个掩模, 将确定或很可能是背景的部分设置为 0, 其余部分设置为 1
mask_2 = np.where((mask == 2) | (mask == 0), 0, 1).astype('uint8')
# 将图像与掩模相乘以除去背景
image_rgb_nobg = image_rgb * mask_2[:,:,np.newaxis]
# 显示图像
plt.imshow(image_rgb_nobg), plt.axis("off")
plt.show()
```

图 5-16   运行 GrabCut 算法提取前景图像

> ## 讨 论

可以看到图 5-16 左上角仍然残留部分背景区域, 此时可以手动将这些区域标记为背景。但在现实中往往有数千张图像要处理, 逐一手动修改是不可行的。所以可以考虑接受"留有部分背景噪声"的图像。

在上述方案中, 首先在包含前景的区域画一个矩形。GrabCut 算法认为这个矩形之外的一切都是背景, 并使用这些信息找出矩形内可能的背景。算法最后会生成一个掩模, 它可以标出确定为背景的区域、可能为背景的区域和前景区域。

```
# 显示掩模
plt. imshow( mask,cmap = 'gray') ,plt. axis( "off" )
plt. show( )
```

图 5-17 的灰色区域就是矩形之外的区域，被认为是背景。灰色区域是 GrabCut 算法认为的可能为背景的区域，而白色区域则可能是前景图像。

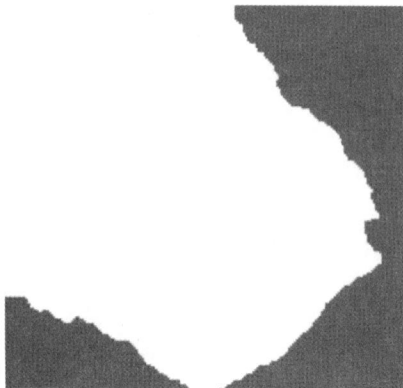

图 5-17　灰色掩模图

然后用掩模 mask 生成一个新的掩模 mask_2，新掩模会将黑色和灰色区域合并，合并后的图像如图 5-18 所示。

```
# 显示掩模
plt. imshow( mask_2,cmap = 'gray') ,plt. axis( "off" )
plt. show( )
```

图 5-18　合并区域掩模图

将第二个掩模应用到图像上，就得到了最终的前景图像。

5.11　边 缘 检 测

边缘检测是提取图像中的边界信息为后续图像分析、目标识别和特征提取提供基础。

方案

使用 Canny 边缘检测器对图像（煤矸石）进行边缘检测。具体代码如下，边缘检测图像如图 5-19 所示。

```
# 加载库
import cv2
import numpy as np
from matplotlib import pyplot as plt
# 以灰度图格式加载图像
image_gray = cv2.imread("gangue.jpg", cv2.IMREAD_GRAYSCALE)
# 计算像素强度的中位数
median_intensity = np.median(image_gray)
# 设置阈值
lower_threshold = int(max(0, (1.0-0.33) * median_intensity))
upper_threshold = int(min(255, (1.0+0.33) * median_intensity))
# 应用 Canny 边缘检测器
image_canny = cv2.Canny(image_gray, lower_threshold, upper_threshold)
# 显示图像
plt.imshow(image_canny, cmap="gray"), plt.axis("off")
plt.show()
```

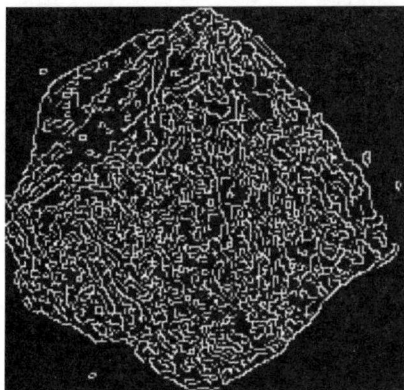

图 5-19　图像边缘检测

讨论

边缘检测是计算机视觉领域的一个热门话题。因为图像边缘包含了大量信息，通过检测可以去除低信息含量的区域，并将信息含量高的区域从原始图像中分离出来。

边缘检测技术包括 Sobel 滤波器、Laplacian 边缘检测器等。上述方案使用的是常用的 Canny 边缘检测器。本书不再介绍 Canny 边缘检测器的原理，这里仅提醒一点：Canny 边缘检测器需要两个参数表示梯度的低阈值和高阈值。处于低阈值和高阈值之间的潜在边缘像素被认为是弱边缘像素，而高于阈值的则被认为是强边缘像素。OpenCV 的 Canny 方法需要用低阈值和高阈值作为参数。在方案中，将这两个阈值分别设置为低于和高于像素强度中位数的一个标准偏差值。如果在对整个图像集运行 Canny 之前，先用一小部分图像试错，手动调整这两个阈值，通常会得到更好的处理结果。

5.12　角　点　检　测

角点是物体轮廓的转折点和边缘的交点或其他具有独特几何特征的位置。试检测图像中矿石颗粒的角点。

方　案

使用 OpenCV 库中的 Harris 角点检测器（以下简称 Harris 检测器）进行角点检测，标记点矿石如图 5-20 所示。

```python
# 加载库
import cv2
import numpy as np
from matplotlib import pyplot as plt
# 以灰度图模式加载图像
image_bgr = cv2.imread("gangue.jpg")
image_gray = cv2.cvtColor(image_bgr, cv2.COLOR_BGR2GRAY)
image_gray = np.float32(image_gray)
# 设置角点检测器的参数
block_size = 2
aperture = 29
free_parameter = 0.04
# 检测角点
detector_responses = cv2.cornerHarris(image_gray,
                                       block_size,
                                       aperture,
                                       free_parameter)
# 放大角点标志
detector_responses = cv2.dilate(detector_responses, None)
# 只保留大于阈值的检测结果，并把它们标记成白色
threshold = 0.02
image_bgr[detector_responses >
          threshold *
          detector_responses.max()] = [255,255,255]
# 转换成灰度图
image_gray = cv2.cvtColor(image_bgr, cv2.COLOR_BGR2GRAY)
# 显示图像
plt.imshow(image_gray, cmap="gray"), plt.axis("off")
plt.show()
```

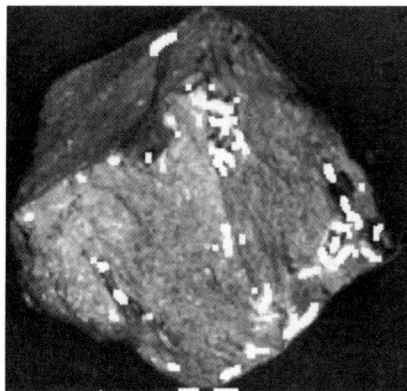

图 5-20　标记点矿石图

讨　论

Harris 检测器是检测两条边缘线条交叉点的常用方法。对角点感兴趣的原因与对边缘感兴趣的原因相同，因为其角点含有大量信息。简单来说，Harris 检测器会寻找一个窗口（也可以称为邻域），这个窗口的微小移动（可以想象为晃动窗口）会引发窗口内像素值的大幅变化。cornerHarris 包含 3 个重要的参数，可用于控制检测到的边缘。参数 block_size 代表角点检测中窗口的尺寸；参数 aperture 代表 Sobel 算子的尺寸；参数 free_parameter 用于控制对角点检测的严格程度，这个值越大，可以识别的角点越平滑。

以下程序的输出是一张描绘了可能角点的灰度图像（见图 5-21）。

```
# 显示可能的角点
plt. imshow( detector_responses, cmap = 'gray') , plt. axis( "off")
plt. show( )
```

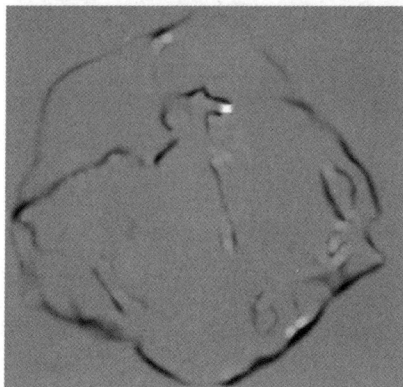

图 5-21　可能角点的灰度图像

然后，使用阈值筛选出最可能的角点，或者使用 Shi-Tomasi 角点检测器（goodFeaturesToTrack）确定一组固定数量的明显角点，其工作方式与 Harris 检测器类似。goodFeaturesToTrack 有 3 个主要参数：待检测角点的数量、角点的最差质量（从 0 到 1）

和角点间的最短欧氏距离。

以下是 Shi-Tomasi 角点检测器程序，检测图像如图 5-22 所示。

```
# 加载图像
image_bgr = cv2. imread('images/ore_256x256. jpg')
image_gray = cv2. cvtColor(image_bgr, cv2. COLOR_BGR2GRAY)
# 待检测角点的数量
corners_to_detect = 10
minimum_quality_score = 0. 05
minimum_distance = 25
# 检测角点
corners = cv2. goodFeaturesToTrack (image_gray,
                                   corners_to_detect,
                                   minimum_quality_score,
                                   minimum_distance)
corners = np. intp(corners)
# 在每个角点上画白圈
for corner in corners:
    x, y = corner[0]
    cv2. circle(image_bgr, (x, y), 10, (255, 255, 255), -1)
# 转换成灰度图
image_rgb = cv2. cvtColor(image_bgr, cv2. COLOR_BGR2GRAY)
# 显示图像
plt. imshow(image_rgb, cmap = 'gray'), plt. axis("off")
plt. show()
```

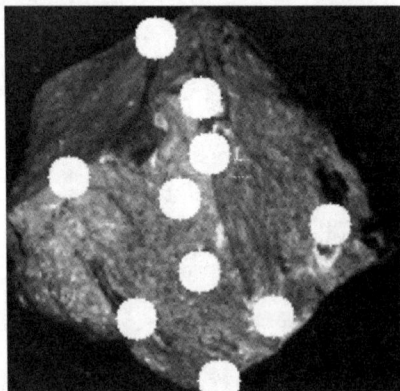

图 5-22   使用 Shi-Tomasi 角点检测器检测图像

5.13   创 建 特 征

创建特征是将图像转换为机器学习算法可用的样本数据。

方案1

使用 NumPy 的 fatten 方法将包含图像信息的多维数组转换成包含样本值的特征向量，程序如下。

```python
# 加载库
import cv2
import numpy as np
from matplotlib import pyplot as plt
# 以灰度图格式加载图像
image = cv2. imread( "gangue. jpg" ,cv2. IMREAD_GRAYSCALE)
# 将图像尺寸转换成 10x10
image_10x10 = cv2. resize( image,(10,10))
# 将图像数据转换成一维向量
image_10x10. flatten( )
```

```
array ([ 57 67 61 44 123 111 59 63 63 72 56 50 86 117 106 85 106 55
    61 57 49 109 109 127 202 92 129 53 60 62 45 98 96 92 221 133
    132 111 44 59 61 161 198 173 207 159 158 120 65 55 192 165 205 176
    156 158 148 140 46 46 113 190 151 153 133 162 142 133 142 75 89 158
    188 172 165 127 212 104 51 58 54 48 99 133 143 163 155 58 57 64
    64 60 52 51 127 204 56 73 67 63])
```

讨 论

图像是用像素点的网格表示的。如果是灰度图（见图 5-23），则每个像素用一个值表示（即像素强度，白色为 255，黑色为 0）。假设有一张 10×10 像素的图像，但机器学习需要输入一维向量，在这种情况下，可以使用 flatten 方法将数组展开，得到一个长度为 100 的一维向量。

```python
plt. imshow( image_10x10,cmap = "gray") ,plt. axis( "off" )
plt. show( )
```

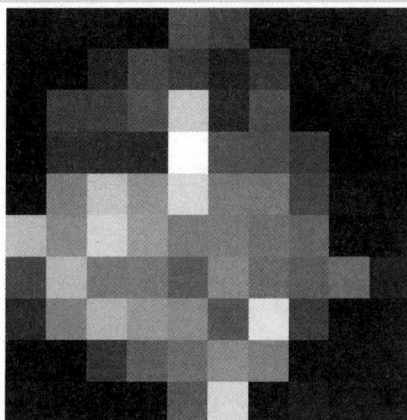

图 5-23　矿石灰度像素图

这就是图像的特征向量，它可以与其他图像的特征向量结合，生成可供机器学习算法使用的数据。

如果是彩色图像，每个像素就不是用一个值表示，而是多个值（最常见的是 3 个），分别表示每个通道（红、绿、蓝等）的强度，这些色彩分量混合后可以表示对应像素点的颜色。假设 10×10 像素的图像是彩色的，每个样本将有 300 个特征值，程序如下：

```
# 以彩色模式加载图像
image_color = cv2. imread("gangue. jpg" ,cv2. IMREAD_COLOR)
# 将图像尺寸变换为 10x10
image_color_10x10 = cv2. resize(image_color,(10,10))
# 将图像数据转换成一维数组并显示数组维度
image_color_10x10. flatten(). shape
```

(300,)

由于图像中的每个像素点都是一个特征，因此随着图像尺寸变大，特征的数量也快速增多，这是图像处理和计算机视觉中的一个主要挑战。

如果图像是灰度图，将图像转成一维数组并显示数组维度，程序如下：

```
# 以灰度格式加载图像
image = cv2. imread("gangue. jpg" ,cv2. IMREAD_GRAYSCALE)
# 将图像转换成一维数组并显示数组维度
image. flatten(). shape
```

array ((35114,))

如果图像是彩色的，特征的数量还会进一步增加，程序如下：

```
# 以彩色格式加载图像
image_256x256_color = cv2. imread("gangue. jpg" ,cv2. IMREAD_COLOR)
# 将图像转换成一维数组,并显示数组维度
image_256x256_color. flatten(). shape
```

array ((105342,))

正如输出结果所示，即使是一张小的彩色图像也有近 20 万个特征，我们在训练模型时会产生问题，因为特征的数量可能远远超过样本的数量。

这个问题也引发了后面章节对维度策略的讨论：如何在减少特征数量的同时不丢失过多的信息。

方案2

彩色图像中的每个像素都是用多个颜色通道（通常为三个：红、绿、蓝）的组合来表示。计算图像每种颜色通道（红、绿、蓝）的平均值就可以得到代表该图像颜色均值的三种颜色特征，程序如下：

```
# 加载库
import cv2
import numpy as np
from matplotlib import pyplot as plt
# 以 BGR 格式加载图像
image_bgr = cv2. imread( "gangue. jpg", cv2. IMREAD_COLOR)
# 计算每个通道的平均值
channels = cv2. mean( image_bgr)
# 交换红色和蓝色通道,将图像从 BGR 格式转换成 RGB 格式
observation = np. array( [ [ ( channels[ 2 ], channels[ 1 ], channels[ 0 ] ) ] ] )
# 显示每个颜色通道的平均值
observation
```

array ([[[112. 41017828 109. 73788233 104. 31090163]]])

可以直接显示各颜色通道的平均值（在黑白印刷的纸质书上看不到实际的效果）：

```
# 显示图像
plt. imshow( observation), plt. axis( "off")
plt. show( )
```

讨 论

本节代码的输出结果是样本的三个特征值，分别来自图像的各颜色通道。这些特征可以和其他特征一样用于机器学习算法，根据颜色对图像进行分类。

方案3

计算每一个颜色通道的直方图，将色彩直方图编码成特征，程序如下：

```
# 加载库
import cv2
import numpy as np
from matplotlib import pyplot as plt
# 加载图像
image_bgr = cv2. imread( "gangue. jpg", cv2. IMREAD_COLOR)
# 将图像转换成 RGB 格式
image_rgb = cv2. cvtColor( image_bgr, cv2. COLOR_BGR2RGB)
# 创建一个特征列表
features = [ ]
# 为每一个颜色通道计算直方图
colors = ( "r", "g", "b")
# 为每一个通道计算直方图并把它加入特征列表中
```

```
for i,channel in enumerate(colors):
    histogram = cv2.calcHist([image_rgb],# 图像
    [i],# 颜色通道的序号
    None,# 不使用掩模
    [256],# 直方图尺寸
    [0,256])# 范围
features.extend(histogram)
# 将样本的特征值展开成一维数组
observation = np.array(features).flatten()
```

讨　论

在 RGB 色彩模型中，每种颜色是由三个通道（红、绿、蓝）的值组合而成的。每个通道可以取 [0，255] 值中的一个整数。

直方图是一种表示数据值分布的方法。下面是一组简单数据生成直方图的程序，直方图如图 5-24 所示。

```
# 导入 pandas
import pandas as pd
# 创建一些数据
data = pd.Series([1,1,2,2,3,3,3,4,5])
# 显示直方图
data.hist(grid=False)
plt.show()
```

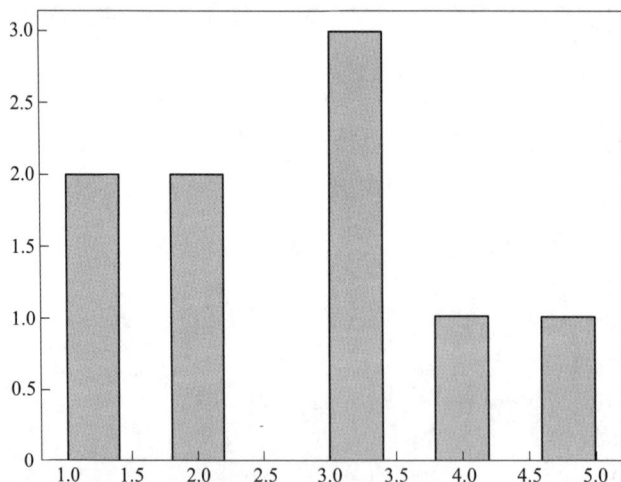

图 5-24　数据直方统计图

在这个案例中，数据包括两个 1、两个 2、三个 3、一个 4 和一个 5。在直方图中，每个竖条代表一个值在数据中出现的次数。

可以将这种方法应用于每个颜色通道，不过这里可能的值不是 5 个，而是 256 个（通

道值的范围）。x 轴表示 256 个可能的通道值，y 轴表示某个特定的通道值在图像中出现的次数。具体程序如下，生成的直方图如图 5-25 所示。

```
# 计算每个颜色通道的直方图
colors = ("r","g","b")
# 对每个通道绘制直方图
for i,channel in enumerate(colors):
histogram = cv2. calcHist([image_rgb],# 图像
                [i],# 颜色通道的序号
                None,# 不使用掩模
                [256],# 直方图尺寸
                [0,256])# 范围
plt. plot(histogram,color=channel)
plt. xlim([0,256])
# 显示图
plt. show()
```

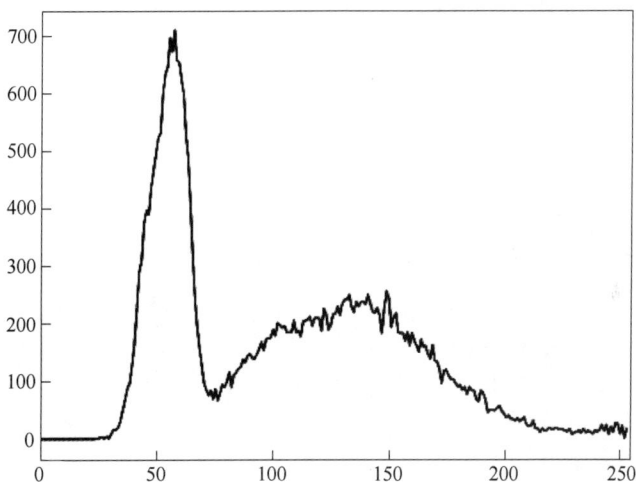

图 5-25　图片颜色通道直方图

复习思考题

5-1　使用 OpenCV 读取图像后，图像数据的数据类型是什么，如何获取图像的分辨率，即矩阵维度？

5-2　灰度图像中的像素值代表什么，将彩色图像转换为灰度图像的计算公式都有哪些？

5-3　说明直方图均衡在图像处理中的作用，并编写代码对一幅灰度图像进行直方图均衡处理。

5-4　说明如何在图像中分离出特定颜色，并编写代码实现对一幅图像中蓝色的分离。

5-5　图像锐化与图像平滑的区别是什么？试编写代码对一幅图像进行锐化处理。

5-6　拍摄两幅不同光照条件下同一场景的图像，设计算法将两幅图像融合，以增强图像的细节和对比度。

6 线 性 回 归

线性回归是机器学习中最简单的有监督学习算法,同时也是一种统计学方法,用于研究变量之间的依赖关系。在最简单的形式中,线性回归包含一个自变量(解释变量)和一个因变量(响应变量),当目标向量是数值(如精煤产量、精煤灰分等)时,线性回归及其扩展一直是常见且有效地做预测的方法。

6.1 拟 合 直 线

使用第 3 章 online_data. csv 数据训练一个能表示原煤入洗量(YM_Weight)和精煤产量(JM_Weight)之间线性关系的模型。

方 案

使用线性回归(scikit-learn 中的 LinearRegression):

```
# 加载库
from sklearn. linear_model import LinearRegression
import pandas as pd
# 加载数据集
dataframe = pd. read_csv('online_data. csv')
features = dataframe[['YM_Weight']]. values
target = dataframe['JM_Weight']
# 创建线性回归对象
regression = LinearRegression()
# 拟合线性回归模型
model = regression. fit(features, target)
```

讨 论

在加载数据集过程中,features 是一个二维的 NumPy 数组,target 是一个 Series 对象,这是因为在使用 scikit-learn 的 LinearRegression 模型时,特征矩阵 X 需要是一个二维数组,通常可使用 . values 属性或者 . to_numpy() 方法将 Series 转换为二维数组。

线性回归是假设特征与目标向量之间为近似线性的关系。也就是说,特征对目标向量的影响(也称为系数、权重或参数)是恒定的。线性回归模型的形式如下:

$$y = \beta_0 + \beta_1 x_1 + \beta_2 x_2 + \varepsilon$$

式中,y 为预测目标(因变量、响应变量);x_n 为单个特征的数据(自变量、解释变量);β_n 为通过拟合模型得到的相关系数;ε 为误差。

完成模型拟合之后，可以查看每个参数的值。如可以使用 intercept_ 查看 β_0 的值（也称为偏差或截距），程序如下：

```
# 查看截距
model. intercept_
```

array（16. 216673149656742）

对于 β_1 和 β_2，则可以用 coef_ 来查看：

```
# 显示特征的权重
model. coef_
```

array（[0. 56186042]）

使用 predict 方法，可以预测该产品的产量：

```
# 预测第一个样本的目标值
model. predict(features)[0]
```

array（560. 6069470044206）

6.2　处理特征影响

有时某个特征对目标向量的影响部分取决于另一个特征。如举一个与冲咖啡有关的简单例子，有两个二元特征——是否加糖和是否搅拌，现在想要预测咖啡是不是甜的。若只把糖加入咖啡中而不搅拌，不会使咖啡变甜（所有的糖都沉在底部）；若只搅拌咖啡而不加糖，也不会让它变甜。但把糖放入咖啡中并搅拌将使咖啡变甜，说明加糖和搅拌对咖啡变甜的影响是相互依赖的。在这种情况下，可以说加糖和搅拌之间存在相互作用。

试讨论原煤入洗量（YM_Weight）和原煤灰分（YM_Ash）对精煤产量（JM_Weight）的影响。

方　案

使用 scikit-learn 的 PolynomialFeatures 创建多项式特征，对这种依赖关系建模，程序如下：

```
# 加载库
from sklearn. linear_model import LinearRegression
from sklearn. preprocessing import PolynomialFeatures
import pandas as pd
# 加载只有两个特征的数据集
dataframe = pd. read_csv('online_data. csv')
features = dataframe[['YM_Weight','YM_Ash']]. values
target = dataframe['JM_Weight']
# 创建交互特征
```

```
interaction = PolynomialFeatures(
    degree = 3, include_bias = False, interaction_only = True)
features_interaction = interaction. fit_transform( features)
# 创建线性回归对象
regression = LinearRegression( )
# 拟合线性回归
model = regression. fit( features_interaction, target)
```

讨 论

将存在相互作用的一组特征的乘积作为新特征加入模型中，就可以对这种特征（交互特征）进行建模，其公式如下：

$$y = \beta_0 + \beta_1 x_1 + \beta_2 x_2 + \beta_3 x_1 x_2 + \varepsilon$$

式中，x_1 和 x_2 分别为特征 1 和特征 2 的值；$x_1 x_2$ 为两者之间的相互作用。

本方案使用的是仅包含两个特征的数据集。以下程序是查看第一个样本（第一行数据）的信息：

```
# 查看第一个样本的特征
features[0]
```

array ([968. 9066　27. 87633])

若需创建一个交互特征，只需将每个样本的这两个特征相乘即可，程序如下：

```
# 加载库
import numpy as np
# 将每个样本的第一个和第二个特征相乘
interaction_term = np. multiply( features[ :,0], features[ :,1])
```

若想查看第一个样本的交互特征，程序如下：

```
# 查看第一个样本的交互特征
interaction_term[0]
```

array (27009. 560120778002)

使用 PolynomialFeatures 创建交互特征，必须设置 3 个重要的参数。其中最重要的一个是 interaction_only，设置 interaction_only = True 会告诉 PolynomialFeatures 只返回交互特征，而不是多项式特征。默认情况下，PolynomialFeatures 将添加一个称为偏差的特征（值全部为 1），可以使用 include_bias = False 来阻止加入偏差。最后，degree 参数用于确定最多用几个特征来创建交互特征（允许创建包含三个特征的交互特征）。

在本方案中，可以通过观察第一个样本的特征与交互特征是否与人工计算的结果相同，来检查 PolynomialFeatures 是否正常工作：

```
# 观察第一个样本的值
features_interaction[0]
```

---

array([968.9066 27.87633 27009.56012078])

6.3 拟合非线性关系

使用第 3 章 online_data.csv 数据，训练一个能表示原煤入洗量（YM_Weight）和精煤产量（JM_Weight）之间的非线性关系模型。

方　案

在线性回归模型中纳入多项式特征，以创建多项式回归模型，程序如下：

```
# 加载库
from sklearn.linear_model import LinearRegression
from sklearn.preprocessing import PolynomialFeatures
import pandas as pd
# 加载只有一个特征的数据集
dataframe = pd.read_csv('online_data.csv')
features = dataframe[['YM_Weight']].values
target = dataframe['JM_Weight']
# 创建多项式特征 x^2 和 x^3
polynomial = PolynomialFeatures(degree = 3, include_bias = False)
features_polynomial = polynomial.fit_transform(features)
# 创建线性回归对象
regression = LinearRegression()
# 拟合线性回归模型
model = regression.fit(features_polynomial, target)
```

讨　论

到目前为止，只讨论了对线性关系的建模。但是有许多关系并不是严格线性的，如学生学习的小时数与其考试分数之间的关系。

多项式回归是线性回归的一种扩展，可以对非线性关系进行建模。要创建多项式回归模型，需要将第 6.1 节中使用的线性函数 $y = \beta_0 + \beta_1 x_1 + \varepsilon$ 转换成多项式函数，并通过加入多项式特征来实现：

$$y = \beta_0 + \beta_1 x_1 + \beta_2 x_1^2 + \cdots + \beta_d x_i^d + \varepsilon$$

式中，d 为多项式的维度。

这里线性回归并不知道 x^2 是 x 的二次变换，而是把它当作另一个变量来处理。

下面对这一过程进行分步介绍。首先，为了建模非线性关系，可以将现有特征提升到某个幂次（平方项、三次方等）来创建新特征。模型添加的新特征越多，拟合的"线"

就越灵活。为进一步说明，这里假设需要创建一个最高到三阶的多项式。简单起见，我们只关注一个样本（数据集中的第一个样本）x_0：

```
# 观察第一个样本
features[0]
```

array ([968.9066])

为创建多项式特征，将第一个样本的值提升到二阶 x_1^2：

```
# 观察第一个样本的平方值
features[0] ** 2
```

array ([938779.99952356])

这样就得到了一个新特征，然后将第一个样本的值提升到三阶 x_1^3：

```
# 观察第一个样本的三次方值
features[0] ** 3
```

array ([9.09590137e+08])

将所有三个特征（x、x_1^2 和 x_1^3）包含在特征矩阵中，然后进行线性回归，这样就构造了一个多项式回归模型：

```
# 观察第一个样本的所有三个特征 x、x 的平方和 x 的 3 次方
features_polynomial[0]
```

array ([9.68906600e+02　9.38780000e+05　9.09590137e+08])

PolynomialFeatures 有两个重要参数。第一个参数是 degree，它确定多项式特征的最高阶数。如 degree = 3 将生成 x^2 和 x^3。第二个参数是 include_bias，默认情况下 PolynomialFeatures 包含一个全为 1 的特征（称为偏差，bias），可以通过设置 include_bias = False 来删除。

6.4　减　少　方　差

试讨论如何减少线性回归模型的方差，以提高模型的预测精度。

方　案

使用包含惩罚项（也称为正则化项）的学习算法来减少线性回归模型方差，如岭回归和套索回归。岭回归算法程序如下：

```
# 加载库
from sklearn.linear_model import Ridge
from sklearn.preprocessing import StandardScaler
import pandas as pd
```

```
# 加载数据
dataframe = pd. read_csv('online_data. csv')
features = dataframe[['YM_Weight','YM_Ash']]. values
target = dataframe['JM_Weight']
# 特征标准化
scaler = StandardScaler()
features_standardized = scaler. fit_transform(features)
# 创建一个包含指定 alpha 值的岭回归
regression = Ridge(alpha = 0. 5)
# 拟合线性回归模型
model = regression. fit(features_standardized, target)
```

讨 论

在标准线性回归中，通过最小化真实值 y_i 和预测值 $\hat{y}_i$ 的平方误差来训练模型，这个平方误差值也被称为残差平方和（residual sum of squares，RSS）：

$$\text{RSS} = \sum_{i=1}^{n}(y_i - \hat{y}_i)^2$$

正则化的回归模型在 RSS 上加入了对系数值的惩罚，但是它在优化对象 RSS 上加入了对系数值的惩罚，该惩罚项被称为收缩惩罚，因为它试图"缩小"模型。线性回归有两种常见的正则化优化方法，岭回归和套索回归。两者的差异在于所使用的收缩惩罚项不同。在岭回归中，收缩惩罚项是可调超参数与所有系数平方和的乘积：

$$\text{目标函数} = \text{RSS} + \alpha \sum_{j=1}^{p} \hat{\beta}_j^2$$

式中，β_j 为总计 p 个特征中第 j 个特征的系数；α 为超参数。

套索回归与岭回归相似，只不过收缩惩罚项变成了可调超参数与所有系数绝对值之和的乘积：

$$\text{目标函数} = \frac{1}{2n}\text{RSS} + \alpha \sum_{j=1}^{p} |\hat{\beta}_j|$$

式中，n 为样本的数量。

在使用时应如何选择这两种方法？根据经验，岭回归通常比套索回归产生的结果稍好，但套索回归产生的模型更容易解释。如果想在岭回归和套索回归的惩罚项之间折中，可以使用弹性网络，它是一种同时包含两种惩罚项的回归模型。无论使用哪一种惩罚项，岭回归和套索回归都可以通过在损失函数中加入 $\hat{\beta}_j$ 来惩罚大型或复杂模型。

超参数 α 用来控制对 $\hat{\beta}_j$ 的惩罚强度，α 值越大，生成的模型就越简单。α 的理想值应是像其他超参数一样通过调试获得的。在 scikit-learn 中，使用 alpha 参数来设置 α。

scikit-learn 包含一个 RidgeCV 方法，可以使用它来选择理想的值，程序如下：

```
# 加载库
from sklearn. linear_model import RidgeCV
```

```
# 创建包含三个 alpha 值的 RidgeCV 对象
regr_cv = RidgeCV(alphas = [0.1,1.0,10.0])
# 拟合线性回归
model_cv = regr_cv.fit(features_standardized,target)
# 查看模型的系数
model_cv.coef_
array([ 2.62043421e+02   -1.44691164e-01])
```

还可以查看最优模型的值:

```
# 查看 alpha 值
model_cv.alpha_
array(1.0)
```

最后要注意一点: 在线性回归中, 系数的值受特征范围的影响, 而在正则化模型中所有系数会被加在一起, 所以在训练模型之前必须确保特征已经标准化。

6.5　减 少 特 征

减少特征的数量是简化线性回归模型的一种有效方法, 通过减少特征数量, 可以降低模型的复杂度, 提高模型的泛化能力。

方　案

使用套索回归减少特征的程序如下:

```
# 加载库
from sklearn.linear_model import Lasso
from sklearn.preprocessing import StandardScaler
import pandas as pd
# 加载数据
dataframe = pd.read_csv('online_data.csv')
features = dataframe[['YM_Weight','YM_Ash','DE_01','DE_01']].values
target = dataframe['JM_Weight']
# 特征标准化
scaler = StandardScaler()
features_standardized = scaler.fit_transform(features)
# 创建套索回归,并指定 alpha 值
regression = Lasso(alpha = 0.5)
# 拟合线性回归
model = regression.fit(features_standardized,target)
```

讨　论

套索回归的惩罚项可以将特征的系数减小为零, 从而有效地减少模型中特征的数量。

```
# 查看系数
model. coef_
array ([1.65239050e+02   4.02606790e+00   1.01566433e+02   3.89109290e-13])
```

如果将 alpha 设为一个更大的值，模型便不会使用任何特征：

```
# 创建一个 alpha 值为 1000 的套索回归
regression_a1000 = Lasso(alpha = 1000)
model_a1000 = regression_a1000. fit(features_standardized, target)
# 查看系数
model_a1000. coef_
array ([0. 0. 0. 0. ])
```

利用这种特性，可以在特征矩阵中包含 100 个特征，然后调整套索回归的超参数，生成比如仅使用 10 个最重要特征的模型。这样做可以减少模型方差，同时提高模型的可解释性（特征越少就越容易解释）。

复习思考题

6-1 使用 scikit-learn 中预置的波士顿房价数据集（load_boston）实现一个简单线性回归模型，如房屋价格与一个自选特征（如城镇师生比例）的关系。

6-2 使用 PolynomialFeatures 创建一个多项式回归模型，对波士顿房价数据集中的平均房间数与房价关系进行建模，并解释模型的非线性能力。

6-3 构建一个包含交互特征的线性回归模型，分析波士顿房价数据集中的两个特征（城镇师生比例和房屋平均房间数）的交互效应对房价的影响。

6-4 给定一组新的房屋特征数据，使用已训练的线性回归模型预测其价格，并讨论模型预测的可信度。

6-5 比较线性回归、岭回归和套索回归在波士顿房价数据集上的性能，包括模型的预测准确性和系数的稀疏性，并讨论不同模型选择的场景。

7 树 和 森 林

基于树的学习算法是十分流行且应用广泛的一类非参数化的有监督学习算法，这类算法既可用于分类又可用于回归。基于树的学习算法的基础是包含一系列决策规则的决策树。这些决策规则看起来很像一棵倒置的树，第一个决策规则在顶部，随后的决策规则在其下面展开。在决策树中，每个决策规则产生一个决策节点，并创建通向新节点的分支，终点处没有决策规则的分支被称为叶子节点。通过绘制完整的决策树可以创建一个非常直观的模型。从这个基本的树系统可以引出各种各样的扩展，包括随机森林和堆叠模型。本章将介绍如何训练、处理、调整、可视化和评估基于树的模型。

7.1 决策树分类器

现有一矿石图像特征提取数据集（classification_ore.csv），如图 7-1 所示，数据集中 ore_type 列为矿石类别信息，其他列为矿石图像提取的颜色纹理信息。试使用决策树训练一个分类器。

```
ore_type, r_mean, r_variance, r_skewness, ASM-mean
1, 241.83466, 37.74493302, 55.40354387, 0.74301
1, 244.0406139, 33.89378848, 52.33946143, 0.75908
1, 247.3249554, 28.48968, 46.10548869, 0.8344
1, 244.9874244, 33.28297828, 50.94506133, 0.80817
1, 235.9678991, 42.3730269, 56.92878777, 0.62205
1, 236.1057173, 42.36296987, 57.40325637, 0.6199
1, 248.0716762, 26.07234161, 42.81880698, 0.83412
1, 247.6311528, 27.26383239, 44.38556372, 0.83329
1, 242.2867717, 36.96138026, 54.99877741, 0.745
1, 242.4823491, 35.40303848, 51.97160212, 0.73923
1, 245.092137, 31.79996932, 48.87563267, 0.78617
1, 244.6722191, 32.81653697, 50.0539928, 0.7843
1, 240.3615294, 40.32080559, 58.35592886, 0.72691
1, 240.442403, 40.17177738, 58.43621505, 0.72332
1, 248.310137, 25.60781362, 41.78018839, 0.84627
1, 247.1416205, 28.72363917, 46.26518042, 0.83025
1, 241.4586758, 38.4025508, 55.92336122, 0.74294
1, 246.2322513, 28.23511689, 43.8581413, 0.77877
1, 246.27674, 31.54395428, 50.00975481, 0.83314
1, 248.100356, 28.44077108, 47.94310038, 0.85859
1, 246.2975274, 31.52489907, 50.01334474, 0.83394
1, 246.6470259, 29.38085825, 46.71995354, 0.81572
1, 245.9417172, 30.31981188, 47.06013276, 0.80641
1, 246.9752871, 30.44406333, 49.47565132, 0.84113
```

图 7-1 矿石分类特征文件

方 案

使用 scikit-learn 中的 DecisionTreeClassifier 进行分类：

```
# 加载库
from sklearn. tree import DecisionTreeClassifier
import pandas as pd
# 加载数据
dataframe = pd. read_csv('classification_ore. csv')
features = dataframe[['r_mean','r_variance','r_skewness','ASM-mean']]. values
target = dataframe['ore_type']
# 创建决策树分类器对象
decisiontree = DecisionTreeClassifier( random_state = 0)
# 训练模型
model = decisiontree. fit( features , target)
```

讨 论

决策树的训练器会尝试在节点上找到能够最大限度降低数据不纯度的决策规则。度量不纯度的方式有许多，DecisionTreeClassifier 默认使用基尼不纯度：

$$G(t) = 1 - \sum_{i=1}^{c} p_i^2$$

式中，$G(t)$ 为节点 t 的基尼不纯度；p_i 为节点 t 上第 i 类样本的比例。

基尼不纯度在寻找使不纯度降低的决策规则的过程是递归执行，直到所有叶子节点都变为纯节点（仅包含一种分类）或达到某个终止条件。

在 scikit-learn 中，DecisionTreeClassifier 的使用方式与其他学习算法类似，首先用 fit 方法训练模型，然后就可以用训练好的模型预测一个样本的分类：

```
# 创建新样本
observation = [[241,42,55,0.7]]
# 预测样本的分类
model. predict( observation)
```

array ([1])

也可以使用 predict_proba 方法查看该样本属于每个分类（预测的分类）的概率：

```
# 查看样本分别属于三个分类的概率
model. predict_proba( observation)
```

array ([[1. ,0. ,0.]])

最后，如果想使用其他的不纯度度量方式，可以修改参数 criterion：

```
# 使用 entropy 作为不纯度检测方法创建决策树分类器对象
decisiontree_entropy = DecisionTreeClassifier( criterion = 'entropy',random_state = 0)
# 训练模型
model_entropy = decisiontree_entropy. fit( features , target)
```

7.2　决策树回归模型

决策树也可以进行回归分析，试使用第 3 章 online＿data. csv 数据，将原煤入洗量（YM_Weight）、原煤灰分（YM_Ash）预测精煤产量（JM_Weight）建立基于决策树的回归模型。

方　案

使用 scikit-learn 中的 DecisionTreeRegressor 建立原煤入洗量、原煤灰分和预测精煤产量的决策树回归模型：

```
# 加载库
from sklearn. tree import DecisionTreeRegressor
import pandas as pd
# 加载仅有两个特征的数据
dataframe = pd. read_csv('classification_ore. csv')
features = dataframe[['YM_Weight','YM_Ash']]. values
target = dataframe['JM_Weight']
# 创建决策树回归模型对象
decisiontree = DecisionTreeRegressor(random_state = 0)
# 训练模型
model = decisiontree. fit(features, target)
```

讨　论

决策树回归模型与决策树分类模型的工作方式类似，不过前者不会使用基尼不纯度或熵的概念，而是默认使用均方误差（MSE）的减少量来作为分裂规则的评估标准：

$$\text{MSE} = \frac{1}{n} \sum_{i=1}^{n} (y_i - \hat{y}_i)^2$$

式中，y_i 为样本的真实值；$\hat{y}_i$ 为样本的预测值。

在 scikit-learn 中，决策树回归模型可以用 DecisionTreeRegressor 构建。模型训练完可以用样本的值进行预测：

```
# 创建新样本
observation = [[1019,26]]
# 预测样本值
model. predict(observation)
```

```
array([634. 9266])
```

同决策树分类器 DecisionTreeClassifier 一样，用参数 criterion 可以选择分裂质量的度量方式。如用平均绝对误差（MAE）的减少量作为分裂标准来构造决策树模型：

```
# 使用 MAE 创建决策树回归模型
decisiontree_mae = DecisionTreeRegressor(criterion = "mae", random_state = 0)
# 训练模型
model_mae = decisiontree_mae.fit(features, target)
```

7.3　决策树可视化

试对第 7.1 节的决策树分类模型进行可视化。

方　案

将决策树模型导出为 DOT 格式（一种图形描述语言）并可视化，如图 7-2 所示。

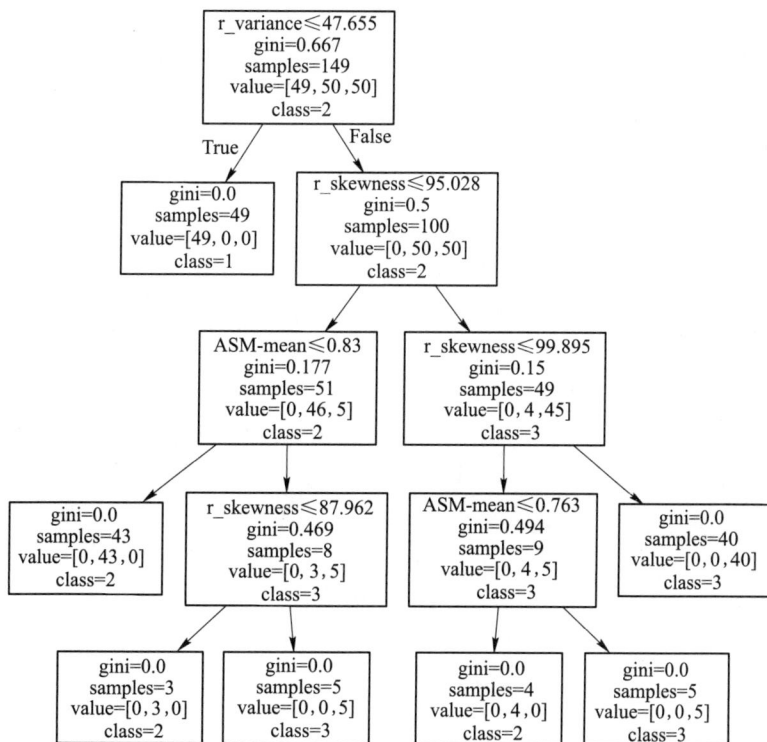

图 7-2　决策树模型可视化图

```
# 加载库
import pydotplus
from sklearn. tree import DecisionTreeClassifier
from IPython. display import Image
from sklearn import tree
import pandas as pd
# 加载数据
dataframe = pd. read_csv('classification_ore. csv')
```

```
features = dataframe[['r_mean','r_variance','r_skewness','ASM-mean']].values
target = dataframe['ore_type']
# 创建决策树分类器对象
decisiontree = DecisionTreeClassifier(random_state = 0)
# 训练模型
model = decisiontree.fit(features, target)
# 创建 DOT 数据
dot_data = tree.export_graphviz(
    decisiontree,
    out_file = None,
    feature_names = ['r_mean','r_variance','r_skewness','ASM-mean'],
    class_names = dataframe['ore_type'].unique().astype(str).tolist())
# 绘制图形
graph = pydotplus.graph_from_dot_data(dot_data)
# 显示图形
Image(graph.create_png())
```

讨 论

决策树分类器的优点之一是可以将整个模型可视化，这也使决策树成为机器学习中解释性最好的模型之一。在本方案中，模型以 DOT 格式导出，然后被绘制成图形。

如果要在其他应用或者报告中使用该决策树，可以将可视化后的决策树导出为 PDF 格式或 PNG 格式：

```
# 创建 PDF
graph.write_pdf("tree.pdf")
```
True

```
# 创建 PNG
graph.write_png("tree.png")
```
True

本节的方案对决策树分类模型进行了可视化操作，这种方法也可以用于决策树回归模型。

7.4 随机森林分类器

训练一个随机森林分类器模型，对矿石图像特征数据集进行分类。

方 案

使用 scikit-learn 中的 RandomForestClassifier 训练随机森林分类器模型：

```
# 加载库
from sklearn.ensemble import RandomForestClassifier
```

```
import pandas as pd
# 加载数据
dataframe = pd. read_csv('classification_ore. csv')
features = dataframe[['r_mean','r_variance','r_skewness','ASM-mean']]. values
target = dataframe['ore_type']
# 创建随机森林分类器对象
randomforest = RandomForestClassifier( random_state = 0, n_jobs = -1)
# 训练模型
model = randomforest. fit( features, target)
```

讨　论

决策树有一个常见问题,即倾向于紧密地拟合训练数据(过拟合),这使得随机森林这种集成学习方法被普遍应用。在随机森林中,许多决策树同时被训练,但是每棵树只接收一个自举的样本(有放回的随机抽样,抽样次数与原始样本数相同),并且每个节点在确定最佳分裂时只考虑全部特征的一个子集。这个由随机决策树组成的森林(随机森林因此而得名)通过投票决定样本的预测分类。

将此方案与第 7.1 节的方案进行比较,可以发现 scikit-learn 的 RandomForestClassifier 与 DecisionTreeClassifier 的工作方式类似:

```
# 创建新样本
observation = [[211,88,113,0. 6]]
# 预测样本的分类
model. predict( observation)
```
----

array ([3])

通过以上程序发现,RandomForestClassifier 也使用了与 DecisionTreeClassifier 相同的参数,如,

```
# 使用熵创建随机森林分类器对象
randomforest_entropy = RandomForestClassifier( criterion = "entropy", random_state = 0)
# 训练模型
model_entropy = randomforest_entropy. fit( features, target)
```

不过,作为一个森林而不是一棵单独的决策树,RandomForestClassifier 有一些独特且重要的参数。首先,参数 max_features 决定每个节点需要考虑的特征的最大数量,允许输入的变量类型包括整型(特征的数量)、浮点型(特征的百分比)和 sqrt(特征数量的平方根)。默认情况下,参数 max_features 的值被设置为 auto(相当于 sqrt)。其次,参数 bootstrap 用于设置在创建树时使用的样本子集,是有放回的抽样(默认值)还是无放回的抽样。最后,参数 n_estimators 设置森林中包含的决策树的数量。

7.5　随机森林回归模型

随机森林也可以进行回归分析,试使用第 3 章 online_data. csv 数据,将原煤入洗

量（YM_Weight）、原煤灰分（YM_Ash）和预测精煤产量（JM_Weight）建立基于决策树的回归模型，并用随机森林训练一个回归模型。

方案

使用 scikit-learn 中的 RandomForestRegressor 训练随机森林回归模型：

```
# 加载库
from sklearn. ensemble import RandomForestRegressor
import pandas as pd
# 加载仅有两个特征的数据
dataframe = pd. read_csv('online_data. csv')
features = dataframe[['YM_Weight','YM_Ash']]. values
target = dataframe['JM_Weight']
# 创建随机森林回归对象
randomforest = RandomForestRegressor(random_state = 0, n_jobs = -1)
# 训练模型
model = randomforest. fit(features, target)
```

讨 论

与创建随机森林分类器一样，我们也可以创建随机森林回归模型，其中每棵树使用一个自举的样本子集，并且在每个节点决策规则仅考虑一部分特征。与 RandomForestClassifier 一样，随机森林回归模型也有几个重要的参数：

（1）max_features：设置每个节点要考虑的特征的最大数量；

（2）bootstrap：设置是否使用有放回的抽样，默认值为 True；

（3）n_estimators：设置决策树的数量，默认值为 10。

7.6　随机森林中的特征

数据集（classification_ore. csv）中各颜色纹理信息是否对分类结果同等重要？试分析影响随机森林模型分类精度最重要的特征。

方案

计算并可视化每个特征的重要性，得出的变量重要性排序图如图 7-3 所示。

```
# 加载库
import numpy as np
import matplotlib. pyplot as plt
from sklearn. ensemble import RandomForestClassifier
import pandas as pd
# 加载数据
dataframe = pd. read_csv('classification_ore. csv')
```

```
features = dataframe[['r_mean','r_variance','r_skewness','ASM-mean']].values
target = dataframe['ore_type']
# 创建随机森林分类器对象
randomforest = RandomForestClassifier(random_state = 0, n_jobs = -1)
# 训练模型
model = randomforest.fit(features, target)
# 计算特征的重要性
importances = model.feature_importances_
# 将特征的重要性按降序排列
indices = np.argsort(importances)[::-1]
# 按照特征的重要性对特征名称重新排序
names = ['r_mean','r_variance','r_skewness','ASM-mean']
# 创建图
plt.figure()
# 创建图标题
plt.title("Feature Importance")
# 添加数据条
plt.bar(range(features.shape[1]), importances[indices])
# 将特征名称添加为 x 轴标签
plt.xticks(range(features.shape[1]), names, rotation = 90)
# 显示图
plt.show()
```

Feature Importance

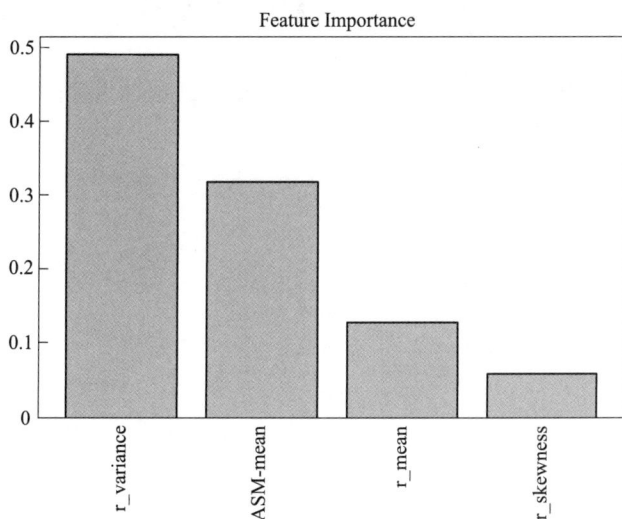

图 7-3　变量重要性排序图

讨　论

决策树的可解释性是它的优点之一，对决策树模型可视化也是很容易的。由于一个随机森林模型由数十、数百甚至数千棵决策树组成,很难对随机森林模型生成简易直观的可视化结果。因此可以比较(和可视化)每个特征的相对重要性对随机森林可视化。

在第 7.3 节中对决策树分类器模型进行了可视化,并且看到仅基于颜色特征(r_mean)的决策规则就能够将大部分样本正确分类,这意味着 r_mean 是分类器中的一个重要特征。更准确地说,不纯度(如分类器中的基尼不纯度或熵,以及回归模型中的方差)的平均减少量较大的分裂特征是更重要的特征。

关于特征的重要性有两点需要注意。首先,scikit-learn 需要将 nominal 型分类特征分解为多个二元特征,使得特征的重要性分散到各个二元特征中。这样即使原来的分类特征非常重要,分解后的特征往往也就没那么重要了。其次,如果两个特征高度相关,并且其中一个具有很高的重要性,就会使另一个特征的重要性显得稍低,如果不考虑这种情况,模型的效果会受到影响。

在 scikit-learn 中,决策树和随机森林的分类及回归模型都可以通过 feature_importances_ 查看模型中每个特征的重要程度:

```
# 查看特征的重要程度
model. feature_importances_
```

array ([0. 13116841　0. 31859972　0. 48961412　0. 06061774])

数值越大,说明该特征越重要(所有特征的重要性分数相加等于 1)。绘制这些值的图形有助于解释随机森林模型。

7.7　选择随机森林特征

第 7.6 节介绍了随机森林中各特征的重要性,本节试选择重要的特征重新训练。

方　案

确定重要的特征,如阈值大于 0.3 的变量,并使用精简后的数据集重新训练模型:

```
# 加载库
from sklearn. ensemble import RandomForestClassifier
from sklearn. feature_selection import SelectFromModel
import pandas as pd
# 加载数据
dataframe = pd. read_csv('classification_ore. csv')
features = dataframe[['r_mean','r_variance','r_skewness','ASM-mean']]. values
target = dataframe['ore_type']
# 创建随机森林分类器
randomforest = RandomForestClassifier(random_state = 0, n_jobs = -1)
# 创建对象,选择重要性大于或等于阈值的特征
selector = SelectFromModel(randomforest, threshold = 0.3)
# 使用选择器创建新的特征矩阵
```

```
features_important = selector. fit_transform ( features , target )
# 使用重要的特征训练随机森林模型
model = randomforest. fit ( features_important , target )
```

讨 论

在某些情况下，用户可能希望减少模型中特征的数量。如想减少模型的方差或者希望仅使用少数重要的特征来提高模型的可解释性。

在 scikit-learn 中，可以使用一个简单的两步工作流来创建一个使用较少特征的模型。首先，使用所有特征训练一个随机森林模型，并使用训练得到的模型来确定重要的特征。其次，创建一个仅包含这些重要特征的新特征矩阵。本节方案使用 SelectFromModel 方法创建特征矩阵，其中仅包含重要性不小于某阈值的特征。最后，使用这些特征创建一个新模型。

SelectFromModel 方法有两点需要注意：（1）经过 one-hot 编码的 nominal 型分类特征的重要性被稀释到二元特征中；（2）一对高度相关的特征，其重要性被集中在其中一个特征上，而不是均匀分布在这两个特征上。

7.8 不均衡数据

当某一类数据样本相对其他类型样本严重不足时，如何在高度不均衡的数据上训练随机森林模型？

方 案

使用参数 class_weight = "balanced" 训练决策树或随机森林模型：

```
# 加载库
import numpy as np
from sklearn. ensemble import RandomForestClassifier
import pandas as pd
# 加载数据
dataframe = pd. read_csv ( 'classification_ore. csv' )
features = dataframe [ [ 'r_mean' , 'r_variance' , 'r_skewness' , 'ASM-mean' ] ] . values
target = dataframe [ 'ore_type' ]
# 删除前 40 个样本以获得高度不均衡的数据
features = features [ 40: , : ]
target = target [ 40: ]
# 创建目标向量表明分类为 0 还是 1
target = np. where ( ( target == 0 ) , 0 , 1 )
# 创建随机森林分类器对象
randomforest = RandomForestClassifier (
    random_state = 0 ,
    n_jobs = -1 ,
    class_weight = "balanced" )
# 训练模型
model = randomforest. fit ( features , target )
```

讨　论

在现实中用学习算法训练模型时，很容易遇到不均衡的分类问题。如果不解决这个问题，不均衡的分类就会降低模型的性能。在 scikit-learn 中，很多学习算法都带有用于纠正不均衡分类的内置方法，如为 RandomForestClassifier 设置参数 class_weight 就可以纠正不均衡分类的问题。如果将分类名和所需的权重以字典形式提供，如 {"male"：0.2，"female"：0.8}，RandomForestClassifier 将为各个分类相应地加权。不过参数 balanced 通常更有用，它根据各个分类在数据中出现频率的倒数自动计算权重值：

$$w_j = \frac{n}{kn_j}$$

式中，w_j 为分类 j 的权重；n 为样本数量；n_j 为分类 j 中样本的数量；k 为分类的总数。

使用参数 class_weight = "balanced"，能够增大较小分类的权重，减小较大分类的权重。

7.9　决策树规模

试手动控制决策树大小（结构和规模），减少训练时间，降低训练成本。

方　案

使用 scikit-learn 控制基于树的算法中的结构参数：

```
# 加载库
from sklearn. tree import DecisionTreeClassifier
import pandas as pd
# 加载数据
dataframe = pd. read_csv('classification_ore. csv')
features = dataframe[['r_mean','r_variance','r_skewness','ASM-mean']]. values
target = dataframe['ore_type']
# 创建决策树分类器对象
decisiontree = DecisionTreeClassifier(random_state = 0,
    max_depth = None,
    min_samples_split = 2,
    min_samples_leaf = 1,
    min_weight_fraction_leaf = 0,
    max_leaf_nodes = None,
    min_impurity_decrease = 0)
# 训练模型
model = decisiontree. fit(features, target)
```

讨　论

在 scikit-learn 基于树的学习算法中，有很多用于控制决策树规模的方法，可以通过设置不同的参数来访问这些方法。

max_depth：树的最大深度。如果该参数为 None，则树将一直生长，直到所有叶子都为纯节点；如果提供整数作为该参数的值，这棵树就会被有效"修剪"到这个整数值所表示的深度。

min_samples_split：在该节点分裂之前，节点上最小的样本数。如果提供整数作为该参数的值，则这个整数代表最小的样本数；如果提供浮点数作为参数值，则最小样本数为总样本数乘以该浮点数。

min_samples_leaf：叶子节点需要的最小样本数。与 min_samples_split 使用相同的参数格式。

max_leaf_nodes：最大叶子节点数。

min_impurity_split：执行分裂所需的最小不纯度减少量。

一般情况下，只需调整 max_depth 和 min_impurity_split 这两个参数，因为较浅的树（有时称为树桩）结构更简单，并且方差较小。

7.10　评估随机森林

在不使用交叉验证的情况下评估随机森林模型。

方　案

计算模型的袋外误差分数（out-of-bag error）：

```
# 加载库
from sklearn.ensemble import RandomForestClassifier
import pandas as pd
# 加载数据
dataframe = pd.read_csv('classification_ore.csv')
features = dataframe[['r_mean','r_variance','r_skewness','ASM-mean']].values
target = dataframe['ore_type']
# 创建随机数分类器对象
randomforest = RandomForestClassifier(
    random_state = 0,
    n_estimators = 1000,
    oob_score = True,
    n_jobs = -1)
# 训练模型
model = randomforest.fit(features, target)
# 查看袋外误差
randomforest.oob_score_
array(0.9865771812080537)
```

讨 论

　　在随机森林中，每个决策树使用自举的样本子集进行训练。这意味着对于每棵树而言，都有未参与训练的样本子集，这些样本被称为袋外（OOB，out-of-bag）样本。袋外样本可以用作测试集来评估随机森林的性能。

　　对于每个样本，算法将其真实值与未使用该样本进行训练的树模型子集产生的预测值进行比较，计算所有样本的总得分，就能得到一个随机森林的性能指标。袋外误差分数评估法可以作为交叉验证的替代方案。

复习思考题

7-1　利用 scikit-learn 中预置的鸢尾花数据集（load_iris），使用决策树分类器预测数据集中的鸢尾花类型，并分析模型的性能，尝试通过调整参数来提高准确率。

7-2　对第一题创建的决策树分类器进行可视化，并解释决策树中的一个分支是如何工作的。

7-3　使用决策树构建一个波士顿房价（load_boston）回归模型，对比线性回归模型，讨论模型的预测结果。

7-4　利用 scikit-learn 中预置的鸢尾花数据集（load_iris），使用随机森林分类器预测数据集中的鸢尾花类型，比较随机森林与单一决策树的性能差异。

7-5　使用随机森林构建一个波士顿房价（load_boston）回归模型，分析随机森林回归模型的优缺点。

7-6　使用网格搜索或随机搜索对随机森林分类器进行参数调优，并评价不同参数组合对模型性能的影响。

8 K 近邻分类

KNN(K-nearest neighbors，K 近邻）分类器是有监督学习领域中最简单且普遍使用的分类器之一。KNN 分类器严格来说并没有训练一个模型用来做预测，而是将观察值的分类判定为离它最近的 k 个观察值中所占比例最大的那个分类。如果一个分类未知的观察值周围都是分类为 1 的观察值，那么它会被认为属于分类 1。

本章将探索如何使用 scikit-learn 来创建和使用 KNN 分类器。

8.1 最 近 邻

最近邻是找到离一个观察值最近的 k 个观察值（邻居），这些邻居的特征或属性与目标观察值最为相似。

方 案

使用 scikit-learn 的 NearestNeighbors 模块找到离目标观察值最近的 k 个观察值。

```
# 加载库
from sklearn. neighbors import NearestNeighbors
from sklearn. preprocessing import StandardScaler
import pandas as pd
# 加载数据
dataframe = pd. read_csv( 'classification_ore. csv')
features = dataframe[['r_mean', 'r_variance', 'r_skewness', 'ASM-mean']]. values
# 创建 standardizer
standardizer = StandardScaler( )
# 特征标准化
features_standardized = standardizer. fit_transform(features)
# 两个最近的观察值
nearest_neighbors = NearestNeighbors(n_neighbors = 2). fit(features_standardized)
# 创建一个观察值
new_observation = [239, 53, 78, 0. 8]
# 获取离观察值最近的两个观察值的索引,以及到这两个点的距离
distances, indices = nearest_neighbors. kneighbors([new_observation])
# 查看最近的两个观察值
features_standardized[indices]
```

array ([[[0. 48611888 0. 03197613 0. 41049124 1. 21769171]
  [0. 49811393 0. 01123983 0. 38371074 1. 22739175]]])

讨　论

上面的方案中我们创建了一个观察值 new_observation，然后找到了离它最近的两个观察值。indices 包含了数据集中最邻近的两个观察值的位置，所以 X[indices] 可以显示它们的数值。从直观上来说，可以把距离看作一种相似度的度量指标。

如何算距离呢？scikit-learn 提供了很多距离指标（d），包括欧氏距离公式如下：

$$d_{euclidean} = \sqrt{\sum_{i=1}^{n} (x_i - y_i)^2}$$

曼哈顿距离公式如下：

$$d_{manhatten} = \sum_{i=1}^{n} |x_i - y_i|$$

默认情况下，NearestNeighbors 使用闵可斯基距离：

$$d_{minkonski} = \left(\sum_{i=1}^{n} |x_i - y_i|^p \right)^{1/p}$$

式中，x_i 和 y_i 是要计算其距离的两个观察值。

闵可斯基距离中包括一个超参数 p，如果 $p=1$，其实就是曼哈顿距离；如果 $p=2$，就是欧氏距离。在 scikit-learn 中，默认 $p=2$，可以通过 metric 参数来设定距离指标，程序如下：

```
# 找到按照欧氏距离来算最近的两个邻居
nearestneighbors_euclidean = NearestNeighbors(
    n_neighbors = 2,
    metric = 'euclidean').fit(features_standardized)
```

创建的 distances 变量中包含这两个最近邻居的实际距离：

```
# 查看 distances
distances
```
----
array([[256.34896016 256.35020848]])

还可以用 kneighbors_graph 创建一个矩阵，表示离每个观察值最近的邻居：

```
# 寻找每个观察值按照欧氏距离计算的最近的 3 个邻居(包括它自己)
nearestneighbors_euclidean = NearestNeighbors(
    n_neighbors = 3,
    metric = "euclidean").fit(features_standardized)
# 每个观察值和它最近的 3 个邻居的列表(包括它自己)
nearest_neighbors_with_self = nearestneighbors_euclidean.kneighbors_graph(features_standardized).toarray()
# 从最近邻居的列表里移除自己
for i, x in enumerate(nearest_neighbors_with_self):
    x[i] = 0
# 查看离第一个观察值最近的两个邻居
nearest_neighbors_with_self[0]
```
----
array([0. 0. 0. 0. 0. 0. 0. 1. 0. 0. 0. 0. 0. 0. 0. 1. 0. 0. 0. 0. 0. 0. 0.
0. 0. 0. 0. 0. 0. 0. 0. 0. 0. 0. 0. 0. 0. 0. 0. 0. 0. 0. 0.

```
0. 0. 0. 0. 0. 0. 0. 0. 0. 0. 0. 0. 0. 0. 0. 0. 0. 0. 0. 0. 0. 0. 0. 0.
0. 0. 0. 0. 0. 0. 0. 0. 0. 0. 0. 0. 0. 0. 0. 0. 0. 0. 0. 0. 0. 0. 0. 0.
0. 0. 0. 0. 0. 0. 0. 0. 0. 0. 0. 0. 0. 0. 0. 0. 0. 0. 0. 0. 0. 0. 0. 0.
0. 0. 0. 0. 0. 0. 0. 0. 0. 0. 0. 0. 0. 0. 0. 0. 0. 0. 0. 0. 0. 0. 0. 0.
0. 0. 0. 0. 0. ])
```

在寻找最近的邻居或者使用基于距离的某种学习算法时，很重要的一件事是转换特征，使所有特征采用同样的单位。这样做是因为距离指标认为所有特征的单位都是相同的，如果一个特征的单位是百万美元，另一个特征的单位是百分比，那么算出来的结果肯定会偏向于前者。因此可以在方案中通过 StandardScaler 来标准化这些特征，解决这种潜在的问题。

8.2 KNN 分类器

对于分类未知的观察值，可以采用基于邻居的分类来预测它的分类。

方案

如果数据集不是特别大，就直接用 KNeighborsClassifier 进行分类：

```python
# 加载库
from sklearn. neighbors import KNeighborsClassifier
from sklearn. preprocessing import StandardScaler
import pandas as pd
# 加载数据
dataframe = pd. read_csv('classification_ore. csv')
features = dataframe[['r_mean','r_variance','r_skewness','ASM-mean']]. values
target = dataframe['ore_type']
# 创建 standardizer
standardizer = StandardScaler()
# 标准化特征
features_std = standardizer. fit_transform(features)
# 训练一个有 5 个邻居的 KNN 分类器
knn = KNeighborsClassifier(n_neighbors = 5,n_ jobs = -1). fit(features_std,target)
# 创建两个观察值
new_observations = [[249,25,42,0. 8],[208,92,110,0. 6]]
# 预测这两个观察值的分类
knn. predict(new_observations)
```
```
array([1,3])
```

讨论

在 KNN 算法中，如果给定一个分类未知的观察值，首先会先基于某个距离指标（如欧氏距离）找到最近的 k 个观察值（有时称为 x_i 的邻域），然后这 k 个观察值基于它们自己的分类来"投票"，得票最多的分类就是预测的分类。更正式的表述是，在K近邻算法中，目标观察值属于某个分类 j 的概率可以通过下式计算：

$$\frac{1}{k}\sum_{i \in v} I(y_i = j)$$

式中，v 为 x_i 邻域内的 k 个观察值；y_i 为第 i 个观察值的分类；I 为一个指示函数（函数值为 1 是真，为 0 是假）。

在 scikit-learn 中，可以使用 predict_proba 来查看这些概率：

```
# 查看每个观察值分别属于 3 个分类中的某一个的概率
knn. predict_proba( new_observations)
```

```
array ([[1. 0. 0. ]
    [0. 0. 1. ]])
```

概率最高的分类就是预测分类。在上面的输出结果中，第一个观察值应该属于分类 1（$P_r = 0.6$），而第二个观察值应该属于分类 2（$P_r = 1$），如下所示：

```
knn. predict( new_observations)
```

```
array ([1 3])
```

KNeighborsClassifier 中有一些参数应值得注意：

（1）metric 可用来设定使用何种距离指标。

（2）n_jobs 是控制可以使用多少个 CPU 内核。

（3）algorithm 用来设定计算最近邻居的算法。尽管不同的算法之间有很大的区别，但是 KNeighborsClassifier 默认会自动选择最合适的算法，所以一般不太需要为怎么选择参数而操心。默认情况下 KNeighborsClassifier 邻域内的每个观察值都可以投一票，用来确定预测分类，但如果给 distance 设定了 weights 参数，那么距离近的观察值的投票比距离远的观察值的投票会有更高的权重。这种设定从直观上来说是有道理的，因为距离更近的邻居可能会告诉我们更多关于观察值分类的信息。

（4）由于计算距离时所有的特征被认为是在同一单位下的，因此在使用 KNN 分类器之前标准化特征是很重要的。

8.3　最佳邻域点集

通过自动寻优方法，为 KNN 分类器找到最佳的 k 值。

方　案

使用 GridSearchCV 方法，通过交叉验证自动搜索最优的超参数，评估其对模型性能的影响。

```
# 加载库
from sklearn. neighbors import KNeighborsClassifier
from sklearn. preprocessing import StandardScaler
from sklearn. pipeline import Pipeline, FeatureUnion
from sklearn. model_selection import GridSearchCV
import pandas as pd
```

```
# 加载数据
dataframe = pd.read_csv('classification_ore.csv')
features = dataframe[['r_mean','r_variance','r_skewness','ASM-mean']].values
target = dataframe['ore_type']
# 创建 standardizer
standardizer = StandardScaler()
# 标准化特征
features_standardized = standardizer.fit_transform(features)
# 创建一个 KNN 分类器
knn = KNeighborsClassifier(n_neighbors=5,n_jobs=-1)
# 创建一个流水线
pipe = Pipeline([("standardizer",standardizer),("knn",knn)])
# 确定一个可选值的范围
search_space = [{"knn__n_neighbors":[1,2,3,4,5,6,7,8,9,10]}]
# 创建 grid 搜索
classifer = GridSearchCV(
    pipe,search_space,cv=5,verbose=0).fit(features_standardized,target)
```

讨论

k 值的大小对 KNN 分类器的性能有重要影响。在机器学习中，我们一直尝试在偏差和方差之间找到一种平衡，而 k 值对这种平衡的影响很明显。如果 $k=n$（这里 n 是观察值的数量），那么偏差就会很大，而方差很小；如果 $k=1$，那么偏差会很小，但方差很大。只有找到了能在偏差和方差之间取得折中的 k 值，才能得到最佳的 KNN 分类器。在本方案中，我们用 GridSearchCV 对不同 k 值的 KNN 分类器做 5 折交叉验证。当这个过程结束时，就可以得到能产生最佳 KNN 分类器的 k 值：

```
# 最佳邻域的大小(k)
classifier.best_estimator_.get_params()["knn__n_neighbors"]
```

array(4)

8.4　最近邻分类器

对于分类未知的观察值，可以根据一定距离范围内所有观察值的分类来确定其分类。

方案

使用 RadiusNeighborsClassifier 方法基于固定半径内的邻居点进行分类：

```
# 加载库
from sklearn.neighbors import RadiusNeighborsClassifier
from sklearn.preprocessing import StandardScaler
import pandas as pd
```

```
# 加载数据
dataframe = pd. read_csv('classification_ore. csv')
features = dataframe[['r_mean','r_variance','r_skewness','ASM-mean']].values
target = dataframe['ore_type']
# 创建 standardizer
standardizer = StandardScaler()
# 标准化特征
features_standardized = standardizer. fit_transform(features)
# 训练一个基于半径的最近邻分类器
rnn = RadiusNeighborsClassifier(radius = 255,n_jobs = -1). fit(features_standardized,target)
# 创建两个观察值
new_observations = [[249,25,42,0.8],[208,92,110,0.6]]
# 预测这两个观察值的分类
rnn. predict(new_observations)
```

array([1,2])

讨　论

在 KNN 分类器中，观察值的分类是根据它的 k 个邻居的分类来预测的，而在不常用的基于半径的最近邻分类器中，观察值的分类是根据某一半径范围内所有观察值的分类来预测的。在 scikit-learn 中，RadiusNeighborsClassifier 与 KNeighborsClassifier 都是基于邻居的分类器，但有两个参数不同。第一个参数是 radius，在 RadiusNeighborsClassifier 中，除非有很充分的理由要把 radius 设为某个值，否则最好与其他超参数一样在模型选择期间对它进行调整。第二个参数是 outlier_label，它用来指定如果一个观察值在半径 radius 的范围内没有其他观察值，该观察值应被标记为什么。

复习思考题

8-1　使用 NearestNeighbors 类找到 classification_ore. csv 数据集中指定观察值（如具有特定属性值的行）的 3 个最近邻居，并讨论这些邻居的相似性。

8-2　比较欧氏距离和曼哈顿距离在找到的最近邻中的不同，并使用不同的 metric 参数重新运行第 8.1 节中的方案，解释结果的差异。

8-3　讨论在 KNN 算法中进行特征标准化的重要性。创建一个不标准化特征的 KNN 模型，并与标准化特征的模型进行比较。

9 逻辑回归

逻辑回归其实是一个被广泛使用的有监督分类方法。逻辑回归和它的一些扩展（如多元逻辑回归）可以通过一个简单易懂的方法来预测一个观察值属于某个分类的概率。本章将讲解如何使用 scikit-learn 来训练各种分类器。

9.1　二元分类器

矿石图像特征数据集（classification_ore.csv）只有两类矿石信息，试通过逻辑回归模型训练一个二元分类器模型。

方　案

使用 scikit-learn 的 LogisticRegression 训练一个逻辑回归模型：

```python
# 加载库
from sklearn. linear_model import LogisticRegression
from sklearn. preprocessing import StandardScaler
import pandas as pd
# 加载仅有两个分类的数据
dataframe = pd. read_csv('classification_ore. csv')
features = dataframe[['r_mean','r_variance','r_skewness','ASM-mean']]. values
target = dataframe['ore_type']
# 标准化特征
scaler = StandardScaler()
features_standardized = scaler. fit_transform(features)
# 创建一个逻辑回归的对象
logistic_regression = LogisticRegression(random_state = 0)
# 训练模型
model = logistic_regression. fit(features_standardized, target)
```

讨　论

逻辑回归是一种被广泛使用的二元分类器，也就是说，目标向量只能取两种值。在逻辑回归中，线性模型（如 $\beta_0 + \beta_1 x$）被包含在一个逻辑函数 $\dfrac{1}{1 + e^{-z}}$（也称为 sigmoid 函数）中，如：

$$P(y_i = 1 \mid X) = \frac{1}{1 + e^{-(\beta_0 + \beta_1 x)}}$$

式中，$P(y_i = 1|X)$ 为第 i 个观察值的目标值 y_i 属于分类 1 的概率；X 为训练集的数据；β_0 和 β_1 为要学习的参数。

逻辑函数的作用是把函数的输出值限定在 0~1，这样才能被解释为概率。如果 $P(y_i = 1|X)$ 大于 0.5，那么 y_i 的预测分类为分类 1，否则就是分类 0。

在 scikit-learn 中，可以使用 LogisticRegression 学习一个逻辑回归模型。一旦被训练出来，这个模型就可以用于预测新观察值的分类：

```
# 创建一个新的观察值
new_observation = [[208,92,110,0.6]]
# 预测分类
model.predict(new_observation)
```

-----

array([1])

在这个例子中，观察值被预测为分类 1。接下来还可以进一步查看这个观察值属于各个分类的概率：

```
# 查看预测的概率
model.predict_proba(new_observation)
```

-----

array([[1. 0.]])

可以看出，观察值有 100% 的概率属于分类 0，0% 的概率属于分类 1。

9.2 多元分类器

使用原始矿石图像特征数据集（classification_ore.csv）训练出一个合适的多分类模型。

方 案

在 scikit-learn 中，通过 LogisticRegression 使用一对多或者多项式方法来训练逻辑回归模型：

```
# 加载库
from sklearn.linear_model importLogisticRegression
from sklearn.preprocessing import StandardScaler
import pandas as pd
# 加载数据
dataframe = pd.read_csv('classification_ore.csv')
features = dataframe[['r_mean','r_variance','r_skewness','ASM-mean']].values
target = dataframe['ore_type']
# 标准化特征
scaler = StandardScaler()
features_standardized = scaler.fit_transform(features)
# 创建一对多的逻辑回归对象
logistic_regression = LogisticRegression(random_state=0, multi_class="ovr")
# 训练模型
model = logistic_regression.fit(features_standardized, target)
```

> **讨 论**

独立地看，逻辑回归只是二元分类器，这意味着它不能处理多于两个分类的目标向量。但是，逻辑回归有两个巧妙的扩展可以解决这个问题。

第一种扩展是一对多（OVR，one-vs-rest）的逻辑回归，在这种逻辑回归中，对于每一个分类都会训练一个单独的模型来判断观察值是否属于这个分类（这样就又变成二元分类问题了）。一对多的逻辑回归中有一个假设，即每一个分类问题（如观察值是否为分类0）是相互独立的。

第二种扩展是多元逻辑回归（MLR，multinomial logistic regression）。在 MLR 中，逻辑函数被 softmax 函数替换。MLR 的一个显著优势是可以通过 predict_proba 方法预测概率。

使用 LogisticRegression 时，可以在这两种扩展中选择，默认选择的是 OVR（multi_class = "ovr"），也可以把 multi_class 参数设置为 multinomial，改为使用 MLR。

9.3　减 小 方 差

为了提高模型的预测精度，可以通过减小逻辑回归模型的方差来实现。

> **方 案**

调校正则化强度超参数 C 以减小回归模型的方差：

```
# 加载库
from sklearn. linear_model import LogisticRegressionCV
import pandas as pd
from sklearn. preprocessing import StandardScaler
# 加载数据
dataframe = pd. read_csv('classification_ore. csv')
features = dataframe[['r_mean','r_variance','r_skewness','ASM-mean']]. values
target = dataframe['ore_type']
# 标准化特征
scaler = StandardScaler()
features_standardized = scaler. fit_transform(features)
# 创建一个决策树分类器的对象
logistic_regression = LogisticRegressionCV(
    penalty = 'l2',
    Cs = 10,
    random_state = 0,
    n_jobs = -1)
# 训练模型
model = logistic_regression. fit(features_standardized, target)
```

> **讨 论**

正则化是一种通过惩罚复杂模型来减小其方差的方法。准确地说，就是将一个罚项加在希望最小化的损失函数上，通常称为 L_1 惩罚和 L_2 惩罚。

L_1 惩罚：

$$L_1 = \alpha \sum_{j=1}^{p} |\hat{\beta}_j|$$

式中，$\hat{\beta}_j$ 为要学习的 p 个特征中的第 j 个所对应的参数；α 为一个超参数，表示正则化的强度。

L_2 惩罚：

$$L_2 = \alpha \sum_{j=1}^{p} \hat{\beta}_j^2$$

式中，α 的取值越大，对越大的参数值（也就是更复杂的模型）的惩罚就越重。

scikit-learn 遵循常规用法，使用 C 代替 α，这里的 C 等于正则化强度值的倒数，即 $C = \dfrac{1}{\alpha}$。

在使用逻辑回归过程中，为减小方差，可以把 C 当作需要被调校的超参数，以寻找一个可以创建最佳模型的 C 值。在 scikit-learn 中，可以使用 LogisticRegressionCV 类来有效地进行超参数调优。LogisticRegressionCV 中的参数 Cs 可以接受一个浮点数列表作为参数，用于指定 C 的取值范围并进行搜索，以找到最佳的正则化强度。

9.4　不均衡分类

试在高度不均衡的数据上训练一个简单的分类器模型。

方案

在 scikit-learn 中使用 LogisticRegression 训练一个逻辑回归模型：

```
# 加载库
import numpy as np
from sklearn. linear_model import LogisticRegression
from sklearn. preprocessing import StandardScaler
import pandas as pd
# 加载数据
dataframe = pd. read_csv( 'classification_ore. csv')
features = dataframe[ [ 'r_mean', 'r_variance', 'r_skewness', 'ASM-mean'] ]. values
target = dataframe[ 'ore_type']
# 移除前 40 个观察值,使分类严重不均衡
features = features[ 40:, :]
target = target[ 40:]
# 创建目标向量,0 代表分类为 0,1 代表除分类 0 以外的其他分类
target = np. where( ( target == 0),0,1)
# 标准化特征
scaler = StandardScaler( )
```

```
features_standardized = scaler. fit_transform(features)
# 创建决策树分类器对象
logistic_regression = LogisticRegression(
    random_state = 0,
    class_weight = "balanced")
# 训练模型
model = logistic_regression. fit(features_standardized, target)
```

讨 论

和 scikit-learn 中的很多其他学习算法一样，LogisticRegression 自带了一个处理不均衡分类的方法。如果数据集中的分类特别不均衡，而且在数据预处理过程中并没有解决这个问题，就可以使用 class_weight 参数给分类设置权重，确保数据集中的各个分类是均衡的。具体地说，就是 balanced 参数值会自动给各分类加上权重，而权重值与分类出现频率的倒数相关：

$$w_j = \frac{n}{kn_j}$$

式中，w_j 为分类 j 的权重；n 为观察值的数量；n_j 为属于分类 j 的观察值的数量；k 为分类 j 的总数。

复习思考题

9-1 修改第 9.1 节中的代码，试使用'multi_class = "multinomial"'选项训练一个多元分类器，并与默认的'multi_class = "ovr"'方法结果进行比较。

9-2 逻辑回归与决策树或 K 近邻（KNN）等分类器相比，在哪些方面具有优势或劣势。

10 支持向量机

要理解支持向量机，必须先理解超平面。准确地说，一个超平面就是 n 维空间中的 $n-1$ 维空间。听起来很复杂，但其实很简单。如果要分割一个二维空间，我们会使用一维的超平面（一条线）；如果想分割一个三维空间，我们会使用一个二维的超平面（如一张平整的纸）。超平面只不过是把这些概念应用到了 n 维空间中。

本章讲述在各种不同的情形下如何训练支持向量机，并进一步探讨怎样使用这个方法处理一些常见问题。

10.1 线性分类器

将第 7.1 节矿石图像特征提取数据集（classification_ore.csv）的前两类矿石使用支持向量机训练一个模型对观察值分类。

方案

用支持向量分类器（SVC，support vector classifier）寻找最大化分类之间间距的超平面：

```
# 加载库
from sklearn. svm import LinearSVC
from sklearn. preprocessing import StandardScaler
import numpy as np
import pandas as pd
# 加载数据,数据里只有两种分类和两个特征
dataframe = pd. read_csv('classification_ore. csv')
features = dataframe[['r_mean','ASM-mean']]. values
target = dataframe['ore_type']
# 标准化特征
scaler = StandardScaler( )
features_standardized = scaler. fit_transform(features)
# 创建支持向量分类器
svc = LinearSVC( C = 1. 0)
# 训练模型
model = svc. fit(features_standardized, target)
```

讨论

scikit-learn 的 LinearSVC 可以实现一个简单的 SVC。为了对 SVC 的作用有一个直观认

识，在图 10-1 中画出了样本点和超平面。尽管 SVC 在高维空间有很好的表现，但上述方案中只加载了两个特征和一部分样本数据，数据集内只有两个分类的数据，因此可以可视化这个模型。在下面的代码中，我们把两个分类画在一个二维空间上，然后画出这个超平面。

```
# 加载库
from matplotlib import pyplot as plt
# 画出样本点,并且根据其分类上色
color = ["black" if c == 0 else "lightgrey" for c in target]
plt. scatter(features_standardized[:,0],features_standardized[:,1],c=color)
# 创建超平面
w = svc. coef_[0]
a = -w[0]/w[1]
xx = np. linspace(-2.5,2.5)
yy = a * xx-(svc. intercept_[0])/w[1]
# 画出超平面
plt. plot(xx,yy)
plt. axis("off"),plt. show()
```

在图 10-1 中，分类 0 的所有样本点都是黑色，分类 1 的所有样本点都是浅灰色。超平面就是决定新的样本点属于哪一分类的分界线。也就是说，在这条线上方的所有样本点会被归为分类 0，而在这条线下方的样本点会被归为分类 1。可以看到，如果在左上角的空间创建一个新的样本点，那么它会被预测为属于分类 0。

```
# 创建一个新的样本点
new_observation = [[215,0.6]]
# 预测新样本点的分类
svc. predict(new_observation)
```
----
array([1])

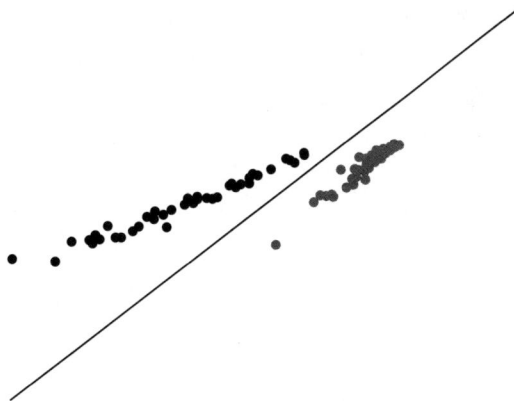

图 10-1 样本点和超平面

对于 SVC，有几点需要特别注意。首先，为了方便可视化，我们把本例（见图 10-1）

限定为二元分类问题（只有两个分类），其实 SVC 在处理多元分类问题时表现也不错。其次，如图 10-1 所示，本例中的超平面被定义为直线（没有弯曲）。因为数据集是线性可分的，也就是说存在一个超平面可以完美地分开这两个分类的样本点，所以在这个例子中超平面就是一条直线。但实际这种情况并不多见。

有时 SVC 并不能完美地将数据分类，此时需要在 SVC 最大化超平面两侧的间距和最小化分类错误之间取得平衡。在 SVC 中，最小化分类错误是通过一个超参数 C（分类错误时所需要接受的惩罚）来控制的。C 是 SVC 学习器的一个参数，也是学习器将一个样本点分类错误时被施加的罚项。当 C 很小时，SVC 可以容忍更多的样本点被错误分类（偏差大，方差小）；当 C 很大时，SVC 会因为对数据的错误分类而被重罚，因此通过反向传播来避免对样本点的错误分类（偏差小、方差大）。

10.2　线性不可分数据

如果待训练数据分布复杂，无法用简单的直线划分其类别，称这种数据是线性不可分的。试讨论如何通过 SVC 对线性不可分数据分类。

方　案

使用核函数训练支持向量机的一个扩展，以创建非线性的决策边界：

```
# 加载库
from sklearn. svm import SVC
from sklearn import datasets
from sklearn. preprocessing import StandardScaler
import numpy as np
# 设置随机种子
np. random. seed(0)
# 生成两个特征
features = np. random. randn(200,2)
# 使用异或门(你不需要知道原因)创建线性不可分的数据
target_xor = np. logical_xor(features[:,0] > 0,features[:,1] > 0)
target = np. where(target_xor,0,1)
# 创建一个有径向基核函数的支持向量机
svc = SVC(kernel = "rbf", random_state = 0, gamma = 1, C = 1)
# 训练分类器
model = svc. fit(features,target)
```

讨　论

为便于理解，可以将支持向量机表示为：

$$f(x) = \beta_0 + \sum_{i \in S} \alpha_i K(x_i, x_{i'})$$

式中，β_0 为偏差；S 为所有支持向量观察值的集合；α_i 为要学习的模型参数；$(x_i, x_{i'})$ 为一对支持向量观察值；K 为核函数，它会比较 x_i 和 $x_{i'}$ 的相似度。

　　对于核函数，需要知道两点：第一，核函数决定了如何将数据映射到高维空间，从而找到合适的超平面来分离不同的类别；第二，选择不同的核函数可以创建不同的超平面，以适应数据复杂性。如要在第 10.1 节中创建基本线性超平面，就可以使用线性核函数：

$$K(x_i, x_{i'}) = \sum_{j=1}^{p} x_{ij} x_{i'j}$$

式中，p 为特征的数量。

　　如果想获取一个非线性决策边界，可以用多项式核函数来替换上面的线性核函数：

$$K(x_i, x_{i'}) = \left(1 + \sum_{j=1}^{d} x_{ij} x_{i'j}\right)^2$$

式中，d 为多项式核函数的度。

　　还可以使用支持向量机中最通用的一种核函数，径向基核函数：

$$K(x_i, x_{i'}) = e^{-\gamma \sum_{j=1}^{p} (x_{ij} x_{i'j})^2}$$

式中，γ 为超参数，而且必须大于零。

　　当数据是线性不可分的，可以用其他可选的核函数来替换线性核函数，以创建一个非线性的超平面决策边界。

　　接下来通过一个简单的例子来可视化核函数背后的逻辑。这个例子是基于 Sebastian Raschka 设计的一个函数，它展示了观察值和一个二维空间里的超平面决策边界。该函数的代码如下：

```
# 画出观察值和超平面决策边界
from matplotlib.colors import ListedColormap
import matplotlib.pyplot as plt
def plot_decision_regions(X,y,classifier):
    cmap=ListedColormap(("red","blue"))
    xx1,xx2=np.meshgrid(np.arange(-3,3,0.02),
                        np.arange(-3,3,0.02))
    Z=classifier.predict(np.array([xx1.ravel(),xx2.ravel()]).T)
    z=Z.reshape(xx1.shape)
    plt.contourf(xx1,xx2,z,alpha=0.1,cmap=cmap)
    for idx,cl in enumerate(np.unique(y)):
        plt.scatter(x=X[y==cl,0],y=X[y==cl,1],
                    alpha=0.8,c=cmap(idx),
                    marker="+",label=cl)
```

　　本节方案中，处理的数据有两个特征（两个维度）和一个包含所有观察值分类的目标向量，但这些数据被设计为线性不可分的，也就是无法通过一条直线将这两个分类的数据完全区分开。基于此，可以尝试构建一个使用线性核函数的支持向量机分类器（SVC）。

　　首先，创建一个使用线性核函数的 SVC：

```
# 创建一个使用线性核函数的 SVC
svc_linear = SVC( kernel = "linear", random_state = 0, C = 1)
# 训练模型
    svc_linear. fit( features, target)
    SVC( C = 1, cache_size = 200, class_weight = None, coef0 = 0. 0,
        decision_function_shape = 'ovr', degree = 3, gamma = 'auto', kernel = 'linear',
        max_iter = -1, probability = False, random_state = 0, shrinking = True,
        tol = 0. 001, verbose = False)
```

由于数据只有两个特征，因此可以在二维空间内绘出观察值、分类和模型的线性超平面，如图 10-2 所示。

```
# 画出观察值和超平面
plot_decision_regions( features, target, classifier = svc_linear)
plt. axis( "off"), plt. show( )
```

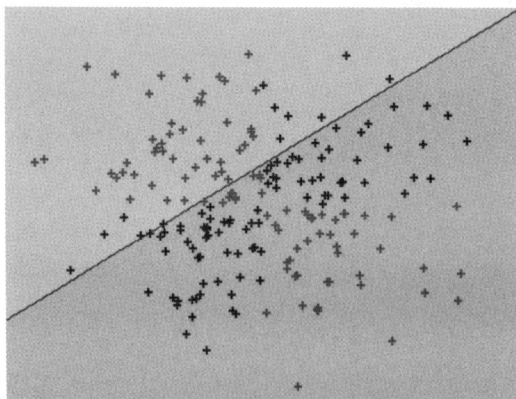

图 10-2　线性核函数分类结果

如图 10-2 所示，这个线性超平面的分类效果很差，可以用一个径向基核函数来替换线性核函数，然后用它来训练一个新模型，训练后的图如图 10-3 所示。

```
# 创建一个使用径向基核函数的 SVC
svc = SVC( kernel = "rbf", random_state = 0, gamma = 1, C = 1)
# 训练这个分类器
model = svc. fit( features, target)
# 画出观察值和超平面
plot_decision_regions( features, target, classifier = svc)
plt. axis( "off"), plt. show( )
```

由图 10-3 可知，使用径向基核函数可以创建一个分类效果比线性核函数好的决策边界。这也是在 SVC 中使用径向基核函数的原因。

在 scikit-learn 中，可以通过设置 kernel 参数的值来选择需要的核函数。一旦选择了一个核函数，就需要为这个核函数确定一些合适的选项值，如多项式核函数中的 d 通过 degree 参数设置合适的选项值，径向基核函数中的 γ 通过 gamma 参数来设置。还需要设置

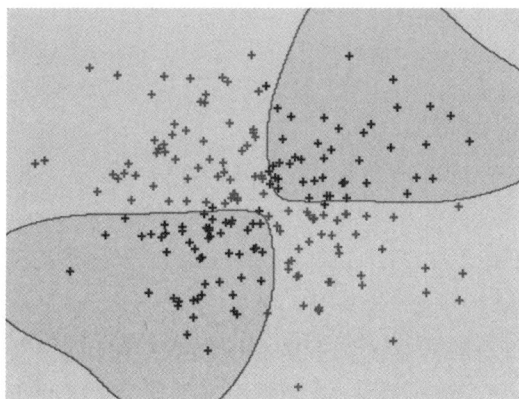

图 10-3   径向基核函数分类结果

惩罚参数 C。在训练模型时，大部分情况下需要把惩罚参数 C 和径向核函数中的 γ 视作超参数，然后用模型选择的技术找出能产生性能最佳的模型的参数值组合。

10.3   分 类 概 率

模型完成训练后，可以输入一个观察值到训练好的模型，得到观察值属于某一分类的概率。

方 案

如果使用 scikit-learn 的 SVC，可以设置 probability = True，然后训练模型，接着可以使用 predict_proba 来查看校准后的概率：

```
# 加载库
from sklearn. svm import SVC
from sklearn. preprocessing import StandardScaler
import numpy as np
import pandas as pd
# 加载数据
dataframe = pd. read_csv('classification_ore. csv')
features = dataframe[['r_mean','r_variance','r_skewness','ASM-mean']]. values
target = dataframe['ore_type']
# 标准化特征
scaler = StandardScaler()
features_standardized = scaler. fit_transform(features)
# 创建 SVC 对象
svc = SVC(kernel = "linear", probability = True, random_state = 0)
# 训练分类器
model = svc. fit(features_standardized, target)
# 创建一个新的观察值
```

```
new_observation = [ [ 239,53,78,0.8 ] ]
# 查看观察值被预测为不同分类的概率
model. predict_proba ( new_observation )
```

array ([[1. 66666686e-14　9. 99999900e-01　1. 00000020e-07]])

讨　论

很多监督学习算法都使用概率来预测分类。如在 KNN 算法中，观察值的 k 个邻居的分类被记作投票数，以此计算观察值属于某个分类的概率。概率最大的分类就被认为是这个观察值所属的类别。SVC 算法使用一个超平面来创建决策区间，这种做法并不会直接计算出观察值属于某个分类的概率，但可以输出校准过的分类概率，并给出几点说明。在有两个分类的 SVC 中可以使用 Platt 缩放首先训练 SVC，然后训练一个独立的交叉验证逻辑回归模型将 SVC 的输出转换为概率。

在计算预测分类的概率时会面临两个主要问题：首先生成预测分类概率的过程会显著增加模型训练的时间。这是因为在使用交叉验证时，模型需要多次训练和验证，而计算概率会进一步增加计算复杂度。其次预测的概率可能与实际的分类结果不一致。这是由于预测概率是通过交叉验证计算得出的，而分类结果是基于模型的预测。如某个样本的观察值可能被预测为属于分类 1，但其属于分类 1 的概率却小于 0.5。

在 scikit-learn 库中，这些预测的概率必须在训练该模型时计算出来。可以通过设置 SVC 的 probability 参数为 True 来做到这一点。在模型被训练完之后，可以使用 predict_proba 方法输出观察值，即为每个分类的预测概率。

10.4　识别支持向量

决策超平面的支持向量是距离超平面最近的观察值，它们在定义超平面的位置中起着关键作用。通过识别这些支持向量，可以更好地理解模型的决策边界及其对分类的影响。

方　案

在 scikit-learn 库中，可以通过 model. support_vectors_属性来访问支持向量：

```
# 加载库
from sklearn. svm import SVC
from sklearn. preprocessing import StandardScaler
import numpy as np
import pandas as pd
# 加载数据,数据中只有两个分类
dataframe = pd. read_csv ( 'classification_ore. csv' )
features = dataframe [ [ 'r_mean', 'ASM-mean' ] ]. values
target = dataframe [ 'ore_type' ]
# 标准化特征
```

```
scaler = StandardScaler( )
features_standardized = scaler. fit_transform( features )
# 创建 SVC 对象
svc = SVC( kernel = "linear" , random_state = 0 )
# 训练分类器
model = svc. fit( features_standardized , target )
# 查看支持向量
model. support_vectors_
```

```
array ( [ [  0. 00917677    0. 58650006 ]
         [  0. 20775941    0. 82195202 ]
         [  0. 31291607    1. 04332948 ]
         [  0. 31253945    1. 08502684 ]
         [  0. 18402083    0. 83142272 ]
         [  0. 91128991    0. 92310429 ]
         [  0. 83796379    0. 97703463 ]
         [  1. 00164844    1. 1632916 ]
         [  0. 47876113   −0. 25099862 ]
         [  0. 66459868    0. 55387878 ] ] )
```

讨 论

超平面的位置和方向主要由一小部分观察值决定，这些观察值被称为支持向量，"支持向量机"这个名字也由此得来。直观上，可以把超平面理解为由这些支持向量"支撑"起来的。因此，支持向量对模型至关重要。如果从数据集中移除一个非支持向量的观察值，模型不会改变；但如果移除一个支持向量，超平面与分类之间的间距就不会是最大的了。

训练完 SVC 之后，scikit-learn 提供了很多识别支持向量的选项。本节的方案用 support_vectors_ 来输出模型中观察值特征的 4 个支持向量，也可以使用 support_ 来查看支持向量在观察值中的索引值：

```
model. support_
```

```
array ( [ 53 54 55 56 86 20 31 32 34 41 ] )
```

最后，可以使用 n_support_ 来查看每个分类有几个支持向量：

```
model. n_support_
```

```
array ( [ 5 5 ] )
```

10. 5   不均衡分类

用不均衡的分类数据训练一个 SVC。

方案

使用 class_weight 增加对数据量少的类别分错类后的惩罚：

```
# 加载库
from sklearn. svm import SVC
from sklearn. preprocessing import StandardScaler
import numpy as np
import pandas as pd
# 加载只有两个分类的数据
dataframe = pd. read_csv('classification_ore. csv')
features = dataframe[['r_mean','r_variance','r_skewness','ASM-mean']]. values
target = dataframe['ore_type']
# 删除前 40 个观察值,让各个分类的数据分布不均衡
features = features[40:,:]
target = target[40:]
# 标准化特征
scaler = StandardScaler()
features_standardized = scaler. fit_transform(features)
# 创建 SVC
svc = SVC(kernel = "linear", class_weight = "balanced", C = 1. 0, random_state = 0)
# 训练分类器
model = svc. fit(features_standardized, target)
```

讨论

在支持向量机中，C 是一个超参数，它决定着一个观察值被分错类后的惩罚。在支持向量机中处理分类数据不均衡的一个方法是，对不同的分类使用不同的权重 C，增加对数据少的类别分错类时的惩罚，来防止模型被数据多的分类占据。

$$C_j = C \cdot w_j$$

式中，C 为对错误分类的惩罚；w_j 与分类 j 出现的概率反相关；C_j 为分类 j 的 C 值。

在 scikit-learn 中使用 SVC 时，可以设置 class_weight = 'balanced' 自动为 C_j 取值。

balanced 参数值自动为分类设置不同的权重：

$$w_j = \frac{n}{kn_i}$$

式中，w_j 为分类 j 的权重；n 为观察值的数量；n_i 为分类 i 的观察值数量；k 为分类的数量。

复习思考题

10-1　使用 LinearSVC 在 classification_ore. csv 数据集上训练一个线性 SVM 分类器，并讨论模型的性能，并尝试调整参数'C'来观察其对模型性能的影响。

10-2　在一个不均衡的数据集上训练 SVM 模型，并使用'class_weight'参数处理不均衡的分类问题，比较

加权前后的模型性能。

10-3　使用 GridSearchCV 或 RandomizedSearchCV 对 SVM 模型参数（如'C'，'kernel'，'gamma'）进行调优，并找出最佳的参数组合。

10-4　讨论 SVM 在实际应用中的优势和局限性，并提出一个可能在矿物加工过程中遇到的问题，并用 SVM 解决这个问题。

11 聚　类

　　前面大部分篇幅都在讨论有监督学习，这意味着我们可以获取特征和目标数据。但经常会遇到只知道特征的场景。如有一家百货商店的销售数据，现在要把这些数据按照购物者是否为俱乐部的折扣会员分成两类。在这个案例中不能使用有监督学习，因为并没有一个用于训练和评估模型的目标。此时可以选择无监督学习。如果俱乐部的折扣会员和非会员在百货商店中的行为是完全不同的，那么两种会员行为上的平均差异会比会员和非会员之间的平均差异小。

　　聚类算法的目标是找出这些观察值潜在的分类，如果做得好的话，能在没有目标向量的情况下预测观察值的分类。聚类算法有很多，它可以使用多种不同的方法来识别数据中的聚类。本章将使用 scikit-learn 实现一些聚类算法，并将其应用到实践中。

11.1　K-Means 聚类

对 scikit-learn 中预置的鸢尾花数据集进行分类。

方　案

使用 K-Means 聚类算法：

```
# 加载库
from sklearn import datasets
from sklearn. preprocessing import StandardScaler
from sklearn. cluster import KMeans
# 加载数据
iris = datasets. load_iris( )
features = iris. data
# 标准化特征
scaler = StandardScaler( )
features_std = scaler. fit_transform( features)
# 创建 K-Means 对象
cluster = KMeans( n_clusters = 3, random_state = 0)
# 训练模型
model = cluster. fit( features_std)
```

讨　论

　　K-Means 聚类是最常见的一种聚类算法。在 K-Means 聚类中，算法试图把观察值分到 k 个组中，每个组的方差都差不多。分组的数量 k 是用户设置的一个超参数。具体来讲，

K-Means 算法有以下几个步骤:

(1) 随机创建 k 个分组 (cluster) 的"中心"点;

(2) 算出每个观察值和这 k 个中心点之间的距离, 然后将观察值指派到离它最近的中心点的分组;

(3) 将中心点移动到相应分组的点的平均值位置;

(4) 重复步骤 (2) 和 (3), 直到没有观察值需要改变它的分组, 这时该算法就被认为已经收敛, 而且可以停止了。

关于 K-Means 算法, 有三点值得注意。

(1) K-Means 聚类假设所有的聚类是凸形的 (如圆形或者球形)。

(2) 所有特征在同一度量范围内。在本方案中, 我们对特征进行了标准化, 以满足这个条件。

(3) 分组之间是均衡的 (每个分组中观察值的数量大致相等)。若无法满足这些假设, 就可能需要尝试其他的聚类方法。

在 scikit-learn 中, K-Means 聚类是通过 KMeans 类来实现的。其中最重要的参数是 n_clusters, 它设定聚类的数量 k。有些情况下, 数据本身的特性可以决定聚类数量 k 的值 (如学校中学生的数据就是一个年级为一个聚类), 但往往并不知道聚类的数量。在这些情况下, 希望可以基于一些条件来选择 k 值, 如轮廓系数衡量的是同类中的相似度和不同类之间的相似度的比值。

本方案中, 已知鸢尾花数据集有 3 个分类, 因此设置 $k=3$。与 scikit-learns 的其他方法类似, 可以使用训练好的分类器来预测新观察值的分类。

```
# 创建新观察值
new_observation=[[0.8,0.8,0.8,0.8]]
# 预测观察值的分类
model.predict(new_observation)
```

```
array([2])
```

这个观察值被预测为离某个分类的中心点距离最近的分类, 可以使用 cluster_centers_ 来查看这些中心点:

```
# 查看分类的中心点
model.cluster_centers_
```

```
array([[-0.05021989  -0.88337647   0.34773781   0.2815273]
       [-1.01457897   0.85326268  -1.30498732  -1.25489349]
       [ 1.13597027   0.08842168   0.99615451   1.01752612]])
```

11.2 加速 K-Means 聚类

将观察值分成 k 组, 若用 K-Means 算法进行聚类需要太长的时间, 可以使用 Mini-Batch K-Means 加速 K-Means 聚类算法。

方案

使用 Mini-Batch K-Means 加速 K-Means 聚类:

```
# 加载库
from sklearn import datasets
from sklearn. preprocessing import StandardScaler
from sklearn. cluster import MiniBatchKMeans
# 加载数据
iris = datasets. load_iris( )
features = iris. data
# 标准化特征
scaler = StandardScaler( )
features_std = scaler. fit_transform( features )
# 创建 K-Means 对象
cluster = MiniBatchKMeans( n_clusters = 3 , random_state = 0 , batch_size = 100 )
# 训练模型
model = cluster. fit( features_std )
```

讨　论

Mini-Batch K-Means 和 K-Means 算法的工作原理类似，主要区别是前者计算量最大的步骤只在观察值的一部分随机样本上执行，而非所有观察。Mini-Batch K-Means 方法可以在只损失一小部分质量的情况下显著缩短算法收敛的时间。Mini-Batch K-Means 的 batch_size 参数控制每个批次中随机选择的观察值的数量，批次中的观察值越多，在训练过程中需要花费的算力就越大。

11. 3　MeanShift 聚类

在不对分类的数量和形状做假设的情况下使用 MeanShift 对观察值聚类。

方　案

使用 MeanShift 聚类：

```
# 加载库
from sklearn import datasets
from sklearn. preprocessing import StandardScaler
from sklearn. cluster import MeanShift
# 加载数据
iris = datasets. load_iris( )
# 标准化特征
scaler = StandardScaler( )
features_std = scaler. fit_transform( features )
# 创建 MeanShift 对象
cluster = MeanShift( n_jobs = -1 )
# 训练模型
model = cluster. fit( features_std )
```

讨论

前面讨论的 K-Means 算法有一个缺点，就是要在训练之前设定聚类的数量 k，而且还要假设聚类的形状，而 MeanShift 算法就没有这些限制。

MeanShift 是一个简单的概念，但不太好解释，用类比的方法解释或许比较容易理解。想象有一个雾气弥漫的足球场（一个二维的特征空间），有 100 个人（观察值）。因为雾很大，人只能看到很近的地方。每分钟每个人向四周看一看，然后朝着可以看到最多人的方向移动一步。随着时间流逝，人们一次次地朝着越来越大的人群移动，球场上的人开始聚集成一个个小组，最终这些人就在球场上形成了聚类（cluster）。每个人的分类被指定为他们最终所在的聚类。

MeanShift 有两个重要的参数。一是 bandwidth，它设定了一个观察值用以决定移动方向区域（又称核）的半径。在上面的类比中，bandwidth 是一个人能在雾里看到的距离。我们可以手动设定这个参数，但是默认情况下，MeanShift 会自动估计一个合理的 bandwidth 值（会显著增加计算成本）。二是有时候执行 MeanShift 算法时，在一个观察值的核中看不到任何其他观察值。这就相当于球场上有一个人看不到任何其他人。默认情况下，MeanShift 把所有的这些（孤儿）观察值分配给离它最近的观察值的核。如果想丢弃这些孤值，可以设置 cluster_all＝False，这样所有孤值的标签就被设定为−1。

11.4　DBSCAN 聚类

把观察值分组成高密度的聚类。

方案

DBSCAN 聚类算法程序如下：

```
# 加载库
from sklearn import datasets
from sklearn. preprocessing import StandardScaler
from sklearn. cluster import DBSCAN
# 加载数据
iris = datasets. load_iris( )
features = iris. data
# 标准化特征
scaler = StandardScaler( )
features_std = scaler. fit_transform( features)
# 创建 DBSCAN 对象
cluster = DBSCAN( n_jobs = −1)
# 训练模型
model = cluster. fit( features_std)
```

讨 论

聚类是很多观察值紧密聚集在一起的区域，DBSCAN 算法就是受这一点的启发而来的，它对于聚类的形状没有做任何假设。DBSCAN 算法有以下几步：

（1）选择一个随机的观察值；

（2）如果 x_i 的近邻数为最小限度数量，就把它归入一个聚类；

（3）对 x_i 的所有邻居重复执行步骤（2），对邻居的邻居也如此，以此类推，这些点就是聚类的核心观察值；

（4）当步骤（3）处理完所有邻近的观察值，就选择一个新的随机点（重新开始执行步骤（1））。

完成这些步骤就会得到一个聚类的核心观察值的集合。最后，凡是在聚类附近但又不是核心的观察值将被认为属于这个聚类，而那些离聚类很远的观察值将被标记为噪声。

DBSCAN 对象需要设置以下 3 个主要参数：

（1）eps：从一个观察值到另一个观察值的最远距离，超过这个距离将不再认为两者是邻居。

（2）min_samples：最小限度的邻居数量，如果一个观察值在其周围小于 eps 距离的范围内有超过这个数量的邻居，就被认为是核心观察值。

（3）metric：eps 所用的距离度量，如闵可夫斯基距离和欧氏距离。如果使用闵可夫斯基距离，就可以用参数 p 设定闵可夫斯基距离中的幂次。

观察训练集数据中的聚类结果。可以看到，有两个聚类被识别出来，分别标记为 0 和 1，噪声观察值则被标记为−1。

```
# 显示聚类的情况
model. labels_
```

```
array ([0,0,0,0,0,0,0,0,0,0,0,0,0,0,0,-1,-1,0,
    0,0,0,0,0,-1,0,0,0,0,0,0,0,0,0,-1,-1,
    0,0,0,0,0,0,0,-1,0,0,0,0,0,0,0,0,1,
    1,1,1,1,1,-1,-1,1,-1,-1,1,-1,1,1,1,1,1,
    -1,1,1,1,-1,1,1,1,1,1,1,1,1,1,1,1,1,1,
    -1,1,-1,1,1,1,1,1,-1,1,1,1,1,-1,1,-1,1,
    1,1,1,-1,-1,-1,-1,-1,1,1,1,1,-1,1,1,-1,-1,
    -1,1,1,-1,1,1,-1,1,1,1,-1,-1,-1,1,1,1,-1,
    -1,1,1,1,1,1,1,1,1,1,1,1,-1,1])
```

11.5 Agglomerative 聚类

使用聚类的层次给观察值分组。

方 案

使用 Agglomerative 聚类给观察值分组：

```
# 加载库
from sklearn import datasets
from sklearn. preprocessing import StandardScaler
from sklearn. cluster import AgglomerativeClustering
# 加载数据
iris = datasets. load_iris( )
features = iris. data
# 标准化特征
scaler = StandardScaler( )
features_std = scaler. fit_transform( features )
# 创建一个 Agglomerative 聚类对象
cluster = AgglomerativeClustering( n_clusters = 3 )
# 训练模型
model = cluster. fit( features_std )
```

讨 论

Agglomerative 聚类是一个强大的、灵活的层次聚类算法。在 Agglomerative 聚类中，所有观察值一开始都是一个独立的聚类，接着，满足一定条件的聚类被合并，不断重复这个合并过程，让聚类不断增长，直到达到某个临界点。在 scikit-learn 中，AgglomerativeClustering 使用 linkage 参数来决定合并策略，使其可以最小化下面的值：

（1） 合并后的聚类的方差；

（2） 两个聚类之间观察值的平均距离；

（3） 两个聚类之间观察值的最大距离。

Agglomerative 聚类有两个参数很有用。第一个是 affinity，它决定 linkage 使用何种距离度量（如 minkowski 或者 euclidean 等）。第二个是 n_clusters，它设定了聚类算法试图寻找聚类的数量。也就是说，直到有 n_clusters 个聚类时，聚类的合并才结束。

与其他聚类算法一样，Agglomerative 聚类可以用 labels_方法查看每个观察值所属的聚类：

```
# 显示聚类的情况
model. labels_
```

*array ([1,1,1,1,1,1,1,1,1,1,1,1,1,1,1,1,1,1,1,1,1,1,1,1,
1,1,1,1,1,1,1,1,1,1,1,1,1,1,1,1,1,1,1,2,1,1,1,1,
1,1,1,1,0,0,0,2,0,2,0,2,0,2,2,0,2,0,2,0,2,0,2,2,2,
2,0,0,0,0,0,0,0,0,2,2,2,2,0,2,0,0,2,2,2,2,0,
2,2,2,2,0,2,2,0,0,0,0,0,2,0,0,0,0,0,0,0,
0,0,0,2,0,0,0,0,0,0,0,0,0,0,0,0,0,0,0,0,
0,0,0,0,0,0,0,0,0,0,0,0])*

复习思考题

11-1 使用 K-Means 算法对'classification_ore.csv'数据集进行聚类分析，尝试不同的 k 值，并使用轮廓系数评估每个模型的好坏。

11-2 使用 MeanShift 算法对数据集中的一组特征进行聚类，并调整 bandwidth 参数以观察聚类结果的变化。

11-3 选择三种不同的聚类算法（如 K-Means、DBSCAN、MeanShift）对同一个数据集进行聚类分析，比较它们的性能和结果，并讨论各自的适用场景。

12 神经网络

神经网络的核心是神经元。神经元接收一个或者多个输入为每个输入乘以一个参数（权重），接着对加权之后的输入值求和再加上某个偏差值，最后把这个值反馈给一个激活函数。

前馈神经网络，又称为多层感知器，是最简单的人工神经网络。神经网络可以视为由一系列相互连接的层组成的网络，它的一端连接着一个观察值的特征值，另一端连接着对应的目标值（如观察值的分类）。观察值的特征值在网络中向前传播，每经过一层，网络都会对特征值进行转换，目标是让最后的输出与目标值相同。

前馈神经网络包含 3 种类型的神经元层。神经网络的起始端有一个输入层，输入层的每一个神经元包含一个观察值的某一个特征值。如果一个观察值有 100 个特征，那么输入层就有 100 个节点。神经网络的末端有一个输出层，它把隐藏层的输出转换成对任务有用的值。如果目标是对数据做二元分类，可以使用只有一个节点的输出层，这个节点使用 sigmoid 函数将它的输出限定在 0~1，表示对观察值的预测分类的概率。夹在输入层和输出层之间的就是"隐藏"层。这些隐藏层接连不断地将输入层的特征值转换为一些值，这些值只要经输出层处理，就可以得到对应观察值的目标分类。

一般而言，神经网络在创建时所有的参数都会被初始化为符合高斯分布或者正态分布的小随机值。一旦一个观察值（更常见的情况是一组观察值的集合，又被称为批次）被传给神经网络，它的输出值就会被拿来用损失函数与观察值的真实值进行比较，这个过程称为前向传播。接下来，算法在神经网络中"向后"传播，识别出每个参数对预测值和真实值之间的差异影响程度，这个过程称为反向传播。

神经网络通过对训练集中的每个观察值重复多次前向传播和反向传播（所有观察值都通过网络传递一次就被称为一个 epoch，这种训练一般都需要多个 epoch），以此迭代更新参数的值。

本章将使用 Python 包 Keras 来创建、训练和评估几种神经网络。Keras 是一个高层的软件包，是最容易使用、理解和快速上手并运行的框架。自 TensorFlow 2.0 版本起，Keras 成为 TensorFlow 的默认高级 API，并且由 TensorFlow 团队维护。这意味着使用 TensorFlow 2.0 及以后的版本时，可以直接通过导入 tf. keras 来使用 Keras。

使用 Keras 创建的神经网络既可以用 CPU（笔记本电脑）训练，也可以用 GPU（某些专门为深度学习而设计的计算机）训练。建议使用 GPU 来训练神经网络，但本书中所有的神经网络都很小而且很简单，用笔记本电脑也可以在几分钟之内训练出来。

12.1 设计神经网络

神经网络是由多层神经元组成的，神经网络的设计需考虑以下几个关键因素：

（1）对隐藏层和输出层中的每一层都必须定义神经元的数量和它的激活函数。一个层中神经元越多，神经网络就越能学习复杂的模式。但神经元过多可能会使神经网络对训练数据过拟合，影响其在测试数据上的表现。对隐藏层来说，激活函数是矫正线性单元函数（ReLU，rectified linear unit）：

$$f(z) = \max(0, z)$$

式中，z 为加权过的输入和偏差之和。若 z 大于零，激活函数就返回 z 值，否则返回 0。

（2）需要决定神经网络中隐藏层的数量。层数越多，神经网络能学习的关系就越复杂，但是计算开销也会越大。

（3）必须决定输出层激活函数的结构。输出函数的本质经常由神经网络的目标决定，一些常见的输出层的模式如下：

二元分类：一个有 sigmoid 激活函数的神经元。

多元分类：k 个神经元（k 为目标分类的个数）和一个 softmax 激活函数。

回归：一个没有激活函数的神经元。

（4）需要定义一个损失函数用于衡量预测值和真实值的符合程度。这个损失函数的选择通常是由具体应用场景所决定。

（5）需要定义一个优化器，可以将其理解为一种搜索策略，用于在参数空间中寻找最优解。常用的优化器有随机梯度下降、动量随机梯度下降、均方根传播和自适应矩估计。

（6）选择一个或多个指标评估神经网络的性能，如准确率。

Keras 提供了两种创建神经网络的方法。一种是 sequential 模型，通过把神经元层堆叠起来以创建神经网络；另一种是函数式 API。

试使用 sequential 模型设计一个简单的神经网络。

方 案

使用 Keras 的 sequential 模型设计顺序模型：

```
# 加载库
import tensorflow as tf
from tensorflow. keras import models
from tensorflow. keras import layers
# 启动神经网络
network = models. Sequential( )
# 添加使用 ReLU 激活函数的全连接层
network. add( layers. Dense( units = 16, activation = "relu", input_shape = ( 10, ) ) )
# 添加使用 ReLU 激活函数的全连接层
network. add( layers. Dense( units = 16, activation = "relu" ) )
# 添加使用 sigmoid 激活函数的全连接层
network. add( layers. Dense( units = 1, activation = "sigmoid" ) )
# 编译神经网络
network. compile( loss = "binary_crossentropy", # 二元交叉熵
                optimizer = "rmsprop", # 均方根传播
                metrics = [ "accuracy" ] )# 将准确率作为性能指标
```

讨 论

在本方案中，使用 Keras 的 sequential 模型创建了一个两层的神经网络（计算层数的时候，不会把输入层算在内，因为它没有任何参数需要学习），每一层都是"紧密的"（又称为全连接的），这意味着前一层的所有神经元都和下一层的所有神经元相连。在第一个隐藏层中，设定 units=16，表示这一层有 16 个神经元，每个神经元都有 ReLU 激活函数（activation='relu'）。在 Keras 中，任何神经网络的第一个隐藏层都必须包含一个 input_shape 参数，它表示特征数据的形状。如（10,）表示第一层期望每个观察值都有 10 个特征值。第二层和第一层一样，只不过不需要加上 input_shape 参数。神经网络是设计来做二元分类的，所以输出层仅包含一个带 sigmoid 激活函数的神经元，它将输出限制在 0~1（表示一个观察值属于分类 1 的概率）。

最后，在训练模型之前，可以用 compile 方法加优化算法（RMSProp）、损失函数（binary_crossentropy）及一个或者多个性能衡量标准来告诉 Keras 如何学习。

12.2 二元分类器

使用第 7 章矿石图像特征提取数据集（classification_ore.csv），选取 ore_type 列值为 1、2 的数据，其中 r_mean、r_variance、r_skewness、ASM-mean 列为输入，ore_type 为待预测类型，训练一个二元分类的神经网络。

方 案

```
# 加载库
import numpy as np
import pandas as pd
from tensorflow. keras import models
from tensorflow. keras import layers
# 加载数据
data=pd. read_csv('classification_ore. csv')
# 筛选出 ore_type 为 1 和 2 的数据
data_filtered=data[data['ore_type']. isin([1,2])]
# 定义输入特征和目标变量
X=data_filtered[['r_mean','r_variance','r_skewness','ASM-mean']]. values
y=data_filtered['ore_type']. values
# 将目标变量转换为二进制编码(如果是二分类问题)
from sklearn. preprocessing import LabelEncoder
encoder=LabelEncoder()
y_encoded=encoder. fit_transform(y)
# 创建神经网络对象
network=models. Sequential()
# 添加使用 ReLU 激活函数的全连接层
```

```
network. add(layers. Dense(units=16,activation="relu",input_shape=(X. shape[1],)))
# 添加使用 ReLU 激活函数的全连接层
network. add(layers. Dense(units=16,activation="relu"))
# 添加使用 sigmoid 激活函数的全连接层
network. add(layers. Dense(units=1,activation="sigmoid"))
# 编译神经网络
network. compile(loss="binary_crossentropy",# 交叉熵
                 optimizer="rmsprop",# 均方根传播
                 metrics=["accuracy"])# 将准确率作为性能指标
# 训练神经网络
history=network. fit(X,# 特征
                 y_encoded,# 目标向量
                 epochs=3,# epoch 的数量
                 verbose=1,# 每个 epoch 之后打印描述
                 batch_size=20,# 每个批次中观察值的数量
                 validation_split=0. 2)    # 测试数据
```

```
Epoch 1/3
4/4 ————————————————————————————— 1s   46ms/step-accuracy：0. 5145-loss：1. 1600-val_
accuracy：0. 0000e+00-val_loss：2. 8803
Epoch 2/3
4/4 ————————————————————————————— 0s   8ms/step-accuracy：0. 5783-loss：0. 9824-val_
accuracy：0. 5000-val_loss：0. 7204
Epoch 3/3
4/4 ————————————————————————————— 0s   8ms/step-accuracy：0. 9214-loss：0. 2257-val_
accuracy：1. 0000-val_loss：0. 1096
```

讨　论

　　在第 12.1 节讨论过如何使用 Keras 的 sequential 模型，本节将使用真实数据来训练神经网络。在 Keras 中，训练神经网络用的是 fit 方法。该方法有 6 个主要参数，前两个参数是训练数据的特征和目标向量，可以使用 shape 方法查看特征矩阵的形状。

　　epochs 参数指定在训练数据时需要使用多少个 epoch。verbose 参数决定在训练过程中需要输出多少信息：0 表示没有输出，1 表示输出一个进度条，2 表示每个 epoch 输出一条日志。batch_size 设定在计算多少个观察值之后才更新参数。

　　validation_split 参数用来设定测试集与训练集的比例。

　　在 scikit-learn 中 fit 方法是返回一个训练后的模型，但是在 Keras 中 fit 方法返回的是一个 History 对象，它包含损失数据和每个 epoch 的性能数据。

12.3　多元分类器

　　使用第 7 章矿石图像特征提取数据集（classification _ ore. csv），其中 r _ mean、

r_variance、r_skewness、ASM-mean 列为输入，ore_type 为待预测类型，训练一个多元分类器神经网络。

方 案

观察上述数据发现，ore_type 有三类，属于多分类问题。对于多分类问题，在设计神经网络时通常使用 softmax 分类器作为输出层，并且类别数决定了输出后的神经元数量。

```python
# 加载库
import numpy as np
import pandas as pd
from tensorflow.keras import models
from tensorflow.keras import layers
from sklearn.preprocessing import LabelEncoder
from tensorflow.keras.utils import to_categorical
# 加载数据
data = pd.read_csv('classification_ore.csv')
# 定义输入特征和目标变量
X = data[['r_mean','r_variance','r_skewness','ASM-mean']].values
y = data['ore_type'].values
# 将目标变量转换为独热编码
encoder = LabelEncoder()
y_encoded = encoder.fit_transform(y)
y_categorical = to_categorical(y_encoded)
# 启动神经网络
network = models.Sequential()
# 添加使用 ReLU 激活函数的全连接层
network.add(layers.Dense(units=32,activation="relu",input_shape=(X.shape[1],)))
# 添加使用 ReLU 激活函数的全连接层
network.add(layers.Dense(units=32,activation="relu"))
# 添加使用 softmax 激活函数的全连接层
network.add(layers.Dense(units=3,activation="softmax"))
# 编译神经网络
network.compile(loss="categorical_crossentropy",# 使用多分类的交叉熵损失函数
                optimizer="rmsprop",# 均方根传播
                metrics=["accuracy"])    # 将准确率作为性能指标
# 训练神经网络
history = network.fit(X,# 特征
                y_categorical,# 目标向量
                epochs=3,# 3 个 epoch
                verbose=0,# 没有输出
                batch_size=10,# 每个批次的观察值数量
                validation_split=0.2)    # 测试数据
```

讨 论

本方案创建了一个与第 12.1 节介绍的二元分类器类似的神经网络，但还有一些不一样的地方。

（1）使用 LabelEncoder 将目标变量转换为整数编码，然后使用 to_categorical 将整数编码转换为独热编码，每一行表示一个观察值属于 3 个分类中的哪一个：

```
# 查看目标矩阵
y
```

```
array([1 1 1 1 1 1 1 1 1 1 1 1 1 1 1 1 1 1 1 1 1 1 1 1 1 1 1 1 1 1 1 1 1 1
       1 1 1 1 1 1 1 1 1 1 1 2 2 2 2 2 2 2 2 2 2 2 2 2 2 2 2 2 2 2 2 2 2 2
       2 2 2 2 2 2 2 2 2 2 2 2 2 2 2 2 2 2 2 2 2 3 3 3 3 3 3 3 3 3 3 3
       3 3 3 3 3 3 3 3 3 3 3 3 3 3 3 3 3 3 3 3 3 3 3 3 3 3 3 3 3 3 3 3
       3])
```

（2）增加了隐藏层的神经元数量，帮助神经网络表示 3 个分类之间更复杂的关系。

（3）由于该方案是一个多元分类的问题，因此使用了有 3 个神经元（每个神经元对应一个分类）的输出层，其中包含一个 softmax 激活函数。这个激活函数会返回一个有 3 个值的矩阵，这 3 个值之和为 1，表示一个观察值被归类成 3 个分类之一的概率。

（4）使用了一个适合多元分类问题的损失函数，即分类交叉熵损失函数 categorical_crossentropy。

12.4 回 归 模 型

使用第 3 章 online_data.csv 数据，其中 YM_Weight、JM_Weight、YM_Ash、DE_01、DE_02 列为输入，JM_Ash 为待预测目标，训练一个神经网络回归模型。

方 案

使用 Keras 构建只有一个输出神经元，没有激活函数的前馈神经网络：

```
# 加载库
import numpy as np
import pandas as pd
from tensorflow.keras import models
from tensorflow.keras import layers
from sklearn.preprocessing import StandardScaler
# 加载数据
data = pd.read_csv('online_data.csv')
# 定义输入特征和目标变量
X = data[['YM_Weight','JM_Weight','YM_Ash','DE_01','DE_02']].values
y = data['JM_Ash'].values
# 标准化输入特征
scaler = StandardScaler()
```

```
X_scaled = scaler. fit_transform(X)
# 启动神经网络
network = models. Sequential()
# 添加使用 ReLU 激活函数的全连接层
network. add(layers. Dense(units = 32, activation = "relu", input_shape = (X_scaled. shape[1],)))
# 添加使用 ReLU 激活函数的全连接层
network. add(layers. Dense(units = 32, activation = "relu"))
# 添加没有激活函数的全连接层
network. add(layers. Dense(units = 1))
# 编译神经网络
network. compile(loss = "mse", # 均方误差
                optimizer = "RMSprop", # 优化算法
                metrics = ["mse"]) # 均方误差
# 训练神经网络
history = network. fit(X_scaled, # 特征
                y, # 目标向量
                epochs = 10, # epoch 的数量
                verbose = 0, # 没有输出
                batch_size = 32, # 每个批次的观察值数量
                validation_split = 0. 2) # 测试数据
# 假设有新的数据集 X_new, 也需要进行相同的标准化处理
X_new = pd. read_csv('online_data_new. csv')    # 新数据集的路径
X_new_scaled = scaler. transform(X_new[['YM_Weight', 'JM_Weight', 'YM_Ash', 'DE_01', 'DE_02']].
values)
# 使用训练好的模型进行预测
predictions = network. predict(X_new_scaled)
# 将预测结果打印出来或保存到文件中
print(predictions)
```

讨 论

神经网络不仅可以预测分类概率, 也可以预测连续的数值。在二元分类器中, sigmoid 激活函数把输出值限定在 0~1。如果不要激活函数, 把这个限值去掉, 就能输出连续的数值了。

此外, 由于训练的是回归模型, 应使用合适的损失函数和性能评估指标。在本案中使用的是均方误差 (MSE), 使用 StandardScaler 对输入特征进行标准化。需要注意的是, 大多数情况下都是需要对数据做标准化处理的。

通过 Keras 做预测是一件很容易的事。一旦训练完神经网络, 接着就可以使用 predict 方法, 把一组特征当作输入参数, 返回对每个观察值的预测值。

12.5　可视化训练

可视化训练的结果是找到神经网络的损失或准确率分数的"甜蜜点"。

方　案

使用 Matplotlib 可视化测试集和训练集在每轮 epoch 上的损失，结果如图 12-1 所示。

```python
# 加载库
import matplotlib.pyplot as plt
# history 是之前训练模型时返回的对象
# history = network.fit(X_scaled,y,epochs=50,batch_size=32,validation_split=0.2)
# 获取训练损失和验证损失
train_loss = history.history['loss']
val_loss = history.history['val_loss']
# 获取 epoch 数量
epochs = range(1,len(train_loss)+1)
# 绘制训练损失和验证损失
plt.plot(epochs,train_loss,'bo-',label='Training Loss')
plt.plot(epochs,val_loss,'ro-',label='Validation Loss')
# 添加图例、标题和标签
plt.legend()
plt.title('Training and Validation Loss')
plt.xlabel('Epochs')
plt.ylabel('Loss')
# 显示图表
plt.show()
```

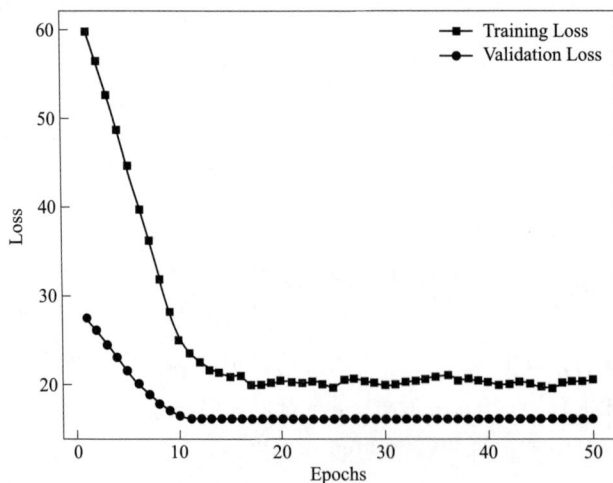

图 12-1　训练集和测试集的损失随 epoch 变化图

讨 论

一开始的神经网络是新的，性能较差。随着神经网络从训练数据中学习，其在训练集和测试集上的误差会逐渐降低。但在某个时间点之后，神经网络开始"记住"训练数据，并且产生过拟合。当出现这种情况时，训练集误差会减小而测试集误差会增大。因此，在很多情形下会有一个"甜蜜点"，到达这个点时，测试集误差（这是我们主要关注的误差）最小。因此对每个 epoch 的训练集和测试集损失可视化，可以很直观地看到这种现象，从这个点("甜蜜点"）开始，模型就将出现过拟合。

12.6 减少过拟合

如第 12.5 节中讨论的，一般来说在前几个 epoch 中，训练集和测试集的误差都会减小，到了某个节点后神经网络会开始"记住"测试集数据，导致训练集误差持续减小而测试集误差开始增大。因为存在这种现象，所以一个最普遍且有效的对抗过拟合的方法就是监视训练过程且在测试集误差开始增大时就结束训练。这个策略被称为提前结束。

对抗过拟合神经网络的另一个策略是惩罚神经网络的参数（权重），使它们变成很小的值，这个方法称为权重调节或者权重减少。更准确地说，权重调节就是将一个惩罚项加在 L2 范数这样的损失函数上。在 Keras 中，可以通过在神经元层的参数中添加 kernel_regularizer = regularizers. l2（0. 01）来进行权重调节。其中，0. 01 表示要对参数值施加多重惩罚。

方 案

除了使用 Dropout（丢弃）方法向网络结构中引入噪声，减少测试集的过拟合：

```python
# 加载库
import numpy as np
import pandas as pd
from tensorflow. keras import models
from tensorflow. keras import layers
from sklearn. preprocessing import StandardScaler
# 加载数据
data = pd. read_csv('online_data. csv')
# 定义输入特征和目标变量
X = data[['YM_Weight','JM_Weight','YM_Ash','DE_01','DE_02']]. values
y = data['JM_Ash']. values
# 标准化输入特征
scaler = StandardScaler()
X_scaled = scaler. fit_transform(X)
# 创建神经网络对象
network = models. Sequential()
# 添加使用 ReLU 激活函数的全连接层
```

```
network. add( layers. Dense( units = 32 , activation = 'relu' , input_shape = ( X_scaled. shape[ 1 ] , ) ) )
network. add( layers. Dropout( 0. 2 ) )    # 添加 Dropout 层,丢弃率 20%
# 添加使用 ReLU 激活函数的全连接层
network. add( layers. Dense( units = 32 , activation = 'relu' ) )
network. add( layers. Dropout( 0. 2 ) )    # 再次添加 Dropout 层
# 添加使用线性激活函数的全连接层
network. add( layers. Dense( units = 1 , activation = 'linear' ) )
# 编译神经网络
network. compile( loss = 'mean_squared_error' ,        # 使用均方误差作为损失函数
                 optimizer = 'rmsprop' ,               # 使用 RMSprop 优化器
                 metrics = [ 'mae' ] )                 # 将平均绝对误差作为性能指标
# 训练神经网络
history = network. fit( X_scaled , y , epochs = 50 , batch_size = 32 , validation_split = 0. 2 )
```

讨 论

Dropout 是一个强大的调节神经网络的方法。在 Dropout 方法中,每创建一个批次的观察值用于训练时,一层或者多层的一部分神经元就会被乘以零(即被丢弃)。虽然每个批次都是在同一个网络中训练的(如有同样的参数),但是每个批次面对的网络结构都有些许差异。

Dropout 方法可以有效减少过拟合是因为它不断随机丢弃每个批次中的神经元,迫使神经元在各种网络结构下依然能够学习参数。换句话说,神经元们对其他隐藏的神经元的中断(或视为引入噪声)变得更加鲁棒,从而有效防止网络过度拟合训练数据。在隐藏层和输入层都可以添加 Dropout 方法,当输入层的某此神经元被丢弃后,它的特征值就不会在该批次中被传进网络。

在 Keras 中,可以通过在网络架构中添加若干个 Dropout 层来实现 Dropout 方法。每个 Dropout 层会在每个批次中丢弃前一层传过来的用户定义数量的神经元,这个数量是超参数。

12.7　神经网络可视化

可视化设计好的神经网络模型的结构。

方 案

使用 Keras 的 model_to_dot 或者 plot_model 可视化神经网络:

```
# 加载库
from tensorflow. keras import models
from tensorflow. keras import layers
from tensorflow. keras. utils. vis_utils import model_to_dot
from tensorflow. keras. utils import plot_model
```

```
from IPython. display import SVG
# 创建神经网络对象
network = models. Sequential( )
# 添加使用 ReLU 激活函数的全连接层
network. add( layers. Dense( units = 32 , activation = 'relu' , input_shape = ( X_scaled. shape[ 1 ] , ) ) )
network. add( layers. Dropout( 0. 2 ) )    # 添加 Dropout 层，丢弃率 20%
# 添加使用 ReLU 激活函数的全连接层
network. add( layers. Dense( units = 32 , activation = 'relu' ) )
network. add( layers. Dropout( 0. 2 ) )    # 再次添加 Dropout 层
# 添加使用线性激活函数的全连接层
network. add( layers. Dense( units = 1 , activation = 'linear' ) )
# 可视化网络结构
SVG( model_to_dot( network , show_shapes = True ). create( prog = " dot " , format = " svg " ) )
```

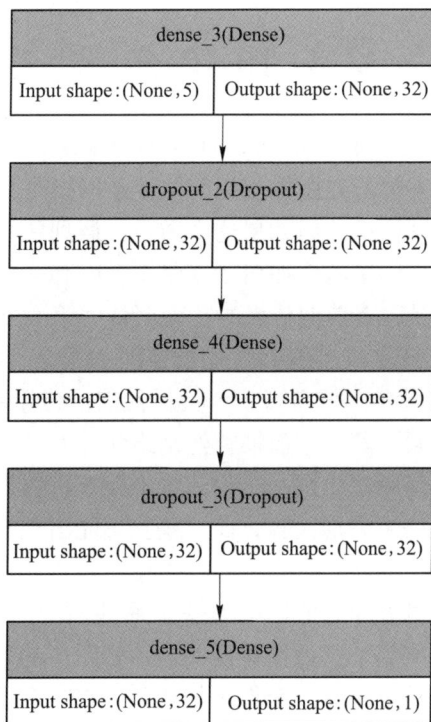

dense_3(Dense)	
Input shape : (None , 5)	Output shape : (None , 32)

dropout_2(Dropout)	
Input shape : (None , 32)	Output shape : (None ,32)

dense_4(Dense)	
Input shape : (None , 32)	Output shape : (None , 32)

dropout_3(Dropout)	
Input shape : (None , 32)	Output shape : (None , 32)

dense_5(Dense)	
Input shape : (None , 32)	Output shape : (None , 1)

如果想把上面的网络结构图保存为文件，可以使用 plot_model：

```
# 使用 plot_model 函数进行模型可视化,并将可视化后的网络结构图保存为文件
plot_model( network , to_file = 'modelplot. png' , show_shapes = True , show_layer_names = True )
```

讨　论

Keras 提供了工具函数用于快速可视化神经网络。如果想在 Jupyter Notebook 中显示一个神经网络，可以使用 model_to_dot。show_shapes 参数指定是否展示输入和输出的形状，

138

它可以帮助我们调试网络。如果想展示一个更简单的模型，可以设置 show_shapes＝False：

```
# 画出网络结构
SVG( model_to_dot( network , show_shapes＝False ) . create( prog＝" dot" , format＝" svg" ) )
```

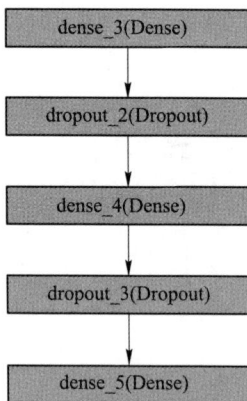

12.8　图　像　分　类

　　卷积神经网络（ConvNets，convolutional neural networks）是一种流行的神经网络架构，在计算机视觉领域表现尤为突出。对图像使用前馈神经网络是完全可行的，图像的每个像素都可以作为一个特征输入网络中。但如果这么做，会遇到两个大问题。首先，前馈神经网络并没有考虑像素之间的空间结构。如对于一张 10×10 像素的图像，可能会把它转换成一个有 100 个像素特征的向量，在前向传播时，就会认为第 1 个特征（如像素值）和第 10 个特征之间的空间关系与它和第 11 个特征之间的空间关系是一样的。但事实上第 10 个特征代表的是处在图片远端的像素，距离第 1 个特征代表的像素较远，而第 11 个特征表示的是第 1 个像素正下方的像素。其次，前馈神经网络学习的是特征的全局关系而不是局部模式。也就是说前馈神经网络无法识别一个物体，不管该物体出现在图像的何处。举例来说，假设要训练一个神经网络来识别人脸，而这些脸可能出现在图像的任意地方，从右上方到中间再到左下方。

　　卷积神经网络的强大之处在于，它可以解决上面的两个问题，还可以解决其他问题。本章不再全面解释卷积神经网络，仅做简单说明。一张图像的数据通常包含 2 个或者 3 个维度：高度、宽度和深度。深度是指一个像素的颜色。在灰度图像中只有一个深度值（像素的强度），因此一张图像可以表示为一个矩阵。但是在彩色图像中，一个像素的颜色是由多个值表示。如在一张 RGB 图像中，一个像素的颜色用 3 个值表示，分别对应 3 个颜色分量（红、绿、蓝）。因此，一张图像的数据可以被想象成一个 3 维张量：宽度×高度×深度（又被称为特征图）。在卷积神经网络中，卷积可以被想象成在图像的像素上滑动一个窗口，通过这个窗口查看像素和它周围的像素。接着，它把初始图像数据转换为一个新的 3 维张量，头两个张量是近似的宽度和高度，而第 3 个维度（包含颜色值）表示像素"属于"哪种模式（如尖角或者梯度渐变，也被称为过滤器）。

　　除了卷积，还有一个重要的概念是池化层。首先池化层会在数据上移动一个窗口（通

常窗口是按每 n 个像素作为一个步长来移动，称为 striding），然后对窗口里的数据以某种方式求和，以缩减数据规模。池化层最常用的方法是最大池化，它把每个窗口的最大值传递到下一层。使用最大池化的原因在于其实用性，卷积过程会产生大量待学习的参数，这会让学习过程陷入低效，而通过最大池化可以减少参数的数量。

假设有一张包含一只狗的脸的图像。首先，第一个卷积层可能找到一些模式，如形状的边缘；然后使用最大池化层来"缩小"图像，用第二个卷积层找到另一些模式；最后，使用第三个最大池化层进一步缩小图像，再使用一个卷积层来提取相似的特征。

全连接层经常被用在网络的最后来做分类。尽管卷积神经网络看起来有很多行代码，但其实与本章讲的二元分类器非常类似，将数据重新组织成卷积神经网络期望的格式。具体来讲，就是使用 reshape 把样本数据转换成 Keras 期望的形状，然后把数据的值调节到 0~1，一旦样本值比网络的参数（通常都初始化成较小的数值）大很多，训练后网络的性能会很差；最后把目标数据用 one-hot 编码，这样样本的目标就有 10 个分类，代表从 0~9 的数字。

处理图像数据之后就可以创建卷积神经网络了，具体步骤如下：

（1）添加一个卷积层，并指定过滤器的数量和其他特性。窗口的大小是一个超参数，不过 3×3 的窗口对于大部分的图像来说都适用。一般图像越大，使用的窗口就越大。

（2）添加最大池化层，对相邻的像素求和。

（3）添加 Dropout 层来减小过拟合的概率。

（4）添加一个压平层把卷积输入转换成全连接层可用的格式。

（5）添加全连接层和输出层对数据进行分类。

试使用 Keras 创建至少有一个卷积层的神经网络。

方案

```
# 加载库
import numpy as np
from tensorflow. keras. models import Sequential
from tensorflow. keras. layers import Dense, Dropout, Flatten
from tensorflow. keras. layers. convolutional import Conv2D, MaxPooling2D
from tensorflow. keras. utils import np_utils
from tensorflow. keras import backend as K
# 启动神经网络
network = Sequential( )
# 添加有 64 个过滤器、一个大小为 5x5 的窗口和 ReLU 激活函数的卷积层
network. add( Conv2D( filters = 64,
          kernel_size = ( 5,5) ,
          input_shape = ( channels, width, height) ,
          activation = 'relu' ) )
# 添加带一个 2x2 窗口的最大池化层
network. add( MaxPooling2D( pool_size = ( 2,2) ) )
# 添加 Dropout 层
```

```
network. add(Dropout(0.5))
# 添加一层来压平输入
network. add(Flatten())
# 添加带 ReLU 激活函数的有 128 个神经元的全连接层
network. add(Dense(128, activation = "relu"))
# 添加 Dropout 层
network. add(Dropout(0.5))
# 添加使用 softmax 激活函数的全连接层 number of classes 为待分类数目
network. add(Dense(number of classes, activation = "softmax"))
# 编译神经网络
network. compile(loss = "categorical_crossentropy",# 交叉熵
                 optimizer = "rmsprop",# 均方根传播
                 metrics = ["accuracy"])   # 将准确率作为性能指标
# 训练神经网络
network. fit(features_train,# 特征
             target_train,# 目标向量
             epochs = 2,# epoch 的数量
             verbose = 0,# 没有输出
             batch_size = 1000,# 每个批次的观察值数量
             validation_data = (features_test, target_test))# 测试数据
```

讨 论

该方案是一个很简单的卷积神经网络，实际应用中常能看到有更多卷积层和最大池化层的更深的网络。为了得到更好的结果，常需对图像进行预处理，并使用 ImageDataGenerator 提前增强数据：

```
# 加载库
from tensorflow. keras. preprocessing. image import ImageDataGenerator
# 创建图像增强对象
augmentation = ImageDataGenerator(featurewise_center = True,# 实施 ZCA 白化
                                  zoom_range = 0.3,# 随机放大图像
                                  width_shift_range = 0.2,# 随机打乱图像
                                  horizontal_flip = True,# 随机翻转图像
                                  rotation_range = 90)# 随机旋转图像
# 对 raw/images 文件夹下所有的图像进行处理
augment_images = augmentation. flow_from_directory("raw/images",# 图像文件夹
                                    batch_size = 32,# 批次的大小
                                    class_mode = "binary",# 分类
                                    save_to_dir = "processed/images")
```

改善卷积神经网络性能的第一个方法是预处理图像。尽管在第 5 章中已经介绍了一些图像预处理技术，但 Keras 的 ImageDataGenerator 仍然值得强调，因为它包含一些基础的预处理技术，如该方案中使用了 featurewise_center = True 来标准化整个数据集中的像素。

第二个改善卷积神经网络性能的技术是加入噪声。神经网络有一个有趣的特征，就是在数据中加入噪声后网络的性能会变好。这是因为添加的噪声可以让神经网络对真实世界的噪声变得更具鲁棒性，并且能防止神经网络过拟合。

当对图像使用卷积神经网络进行训练时，可以通过多种方法随机转换图像，以实现向样本数据中加入噪声，如镜像翻转图像，或者局部放大图像，即使很小的变化，也可以显著改善模型的性能。我们可以使用同样的 ImageDataGenerator 程序实施这些转换。

ImageDataGenerator 程序中，flow_from_directory 输出的是一个 Python 的生成器对象。这是因为大多数情况下，我们希望按需处理图像，即在图像被输入神经网络训练时，才对其进行处理。如果想在训练之前先处理所有图像，可以简单地遍历生成器。

因为 augment_images 是一个生成器，所以在训练神经网络时，必须使用 fit_generator 而不是 fit。例如：

```
# 训练神经网络
network. fit_generator( augment_images,
                steps_per_epoch = 2000, # 在每个 epoch 中调用生成器的次数
                epochs = 5, # epoch 的数量
                validation_data = augment_images_test, # 测试数据生成器
                validation_steps = 800) # 在每个测试 epoch 中调用生成器的次数
```

复习思考题

12-1 使用 online_data. csv 数据集比较本章神经网络的回归分析模型与前述章节介绍的其他回归模型的精度。

12-2 解释卷积神经网络中的卷积层和池化层的作用，并设计一个简单的 CNN 模型进行矿石图像分类。

12-3 讨论提前结束训练、权重调节和 Dropout 方法是如何帮助减少神经网络的过拟合，尝试在神经网络中实现至少一种方法。

12-4 在神经网络训练中如何选择合适的超参数？

12-5 除了本章提到的神经网络，还知道哪些常见的神经网络结构？

13 模型保存和复用

前面章节介绍了怎样获取原始数据，以及如何使用机器学习创建高性能的预测模型。为了让这些工作有价值，还需要用模型做一些事情，如把它整合到一个已有的应用里。要实现这个目标，就必须在训练后保存模型，并且在应用需要的时候加载它。

13.1 scikit-learn 模型

有一个训练好的 scikit-learn 模型，试保存该模型并在其他地方加载。

方 案

把模型保存为 pickle 文件：

```
# 加载库
from sklearn. ensemble import RandomForestClassifier
from sklearn import datasets
from sklearn. externals import joblib
import joblib
# 加载数据
iris = datasets. load iris( )
features = iris. data
target = iris. target
# 创建决策树分类器对象
classifer = RandomForestClassifier( )
# 训练模型
model = classifer. fit( features , target )
# 把模型保存为 pickle 文件
joblib. dump( model ,"model. pkl" )
```

```
[ 'model. pkl' ]
```

一旦模型被保存，就可以在目标应用（如 Web 应用）上使用 scikit-learn 来加载模型：

```
# 从文件中加载模型
classifer = joblib. load( "model. pkl" )
```
然后使用它来做预测：
```
# 创建新的样本
new_observation = [ [ 5. 2,3. 2,1. 1,0. 1 ] ]
# 预测样本的分类
classifier. predict( new_observation )
```

```
array ( [ 0 ] )
```

讨 论

在生产中使用模型的第一步是将模型保存为文件,以便其他应用程序或工作流加载。通常模型可以保存为 pickle 文件,这是 Python 特有的数据格式。对于包含大量 NumPy 数组的模型,更高效的选择是使用 joblib 库。

当保存 scikit-learn 模型时要留心,有时所保存的模型有可能在各个版本的 scikit-learn 中不兼容,因此在文件名中写上模型所用的 scikit-learn 版本就会很有用:

```
# 加载库
import sklearn
# 获得 scikit-learn 的版本
scikit_version = joblib. __version__
# 把模型保存为 pickle 文件
joblib. dump( model ,"model_{version}. pkl". format( version = scikit_version) )
```

```
['model_0. 11. pkl']
```

13.2 Keras 模型

保存一个训练好的 Keras 模型并在别处加载它。

方 案

将 Keras 模型保存为 HDF5 文件:

```
# 加载库
import numpy as np
from keras import models
from keras import layers
from keras. models import load_model
# 设置随机种子
np. random. seed( 0)
# 启动神经网络
network = models. Sequential( )
# 添加使用 ReLu 激活函数的全连接层
network. add( layers. Dense( units = 16, activation = "relu" , input_shape = ( number of features, ) ) )
# 添加使用 sigmoid 激活函数的全连接层
network. add( layers. Dense( units = 1, activation = "sigmoid") )
# 编译神经网络
network. compile( loss = "binary_crossentropy" ,# 交叉熵
        optimizer = "rmsprop" ,# 优化器
        metrics = ["accuracy"] )#  将准确率作为性能指标
# 训练神经网络
history = network. fit( train_features ,# 特征值
```

```
                target_train, # 目标向量
                epochs = 3, # epoch 数量
                verbose = 0, # 没有输出
                batch_size = 100, # 每个批次的观察值数量
                validation_data = (test_features, test_target)) # 测试数据
# 保存神经网络
network. save("model. h5")
```

然后,就可以在另一个应用或者其他训练中加载这个模型:

```
# 加载神经网络
network = load_model("model. h5")
```

讨 论

不同于 scikit-learn, Keras 不推荐使用 pickle 格式来保存模型, 而是将模型保存为 HDF5 文件。因为 HDF5 文件不仅包含加载模型做预测所需要的结构和训练后的参数, 而且包含重新训练所需要的各种设置(损失、优化器的设置和当前状态)。

复习思考题

13-1   描述如何使用 joblib 保存一个训练好的 scikit-learn 模型, 并解释为什么需要在文件名中包含 scikit-learn 的版本号。

13-2   比较 pickle 和 HDF5 两种模型保存格式的优缺点, 并讨论它们各自适用的场景。

13-3   讨论在将模型部署到生产环境之前, 需要考虑哪些因素, 如模型的大小、依赖的库版本等。

参 考 文 献

［1］李贤国，张明旭，李新 . MATLAB 与选煤/选矿数据处理［M］. 徐州：中国矿业大学出版社，2005.

［2］樊民强 . 选煤数学模型与数据处理［M］. 北京：煤炭工业出版社，2005.

［3］陶有俊 . 选矿过程模拟与优化［M］. 徐州：中国矿业大学出版社，2018.

［4］廖寅飞 . 智能选矿概论［M］. 徐州：中国矿业大学出版社，2024.

［5］吴翠平 . 矿物加工数学模型［M］. 北京：冶金工业出版社，2017.

［6］王泽红，陈晓龙，袁致涛，等 . 选矿数学模型［M］. 北京：冶金工业出版社，2015.

［7］高新波，张军平 . 机器学习及其应用［M］. 北京：清华大学出版社，2015.

［8］王衡军 . 机器学习与深度学习：Python 版 . 微课视频版［M］. 北京：清华大学出版社，2022.

［9］韩慧昌，林然，徐江 . Python 机器学习手册从数据预处理到深度学习［M］. 北京：电子工业出版社，2019.

［10］吕晓玲，宋捷 . 大数据挖掘与统计机器学习［M］. 北京：中国人民大学出版社，2016.

［11］王晓华 . Python 机器学习与可视化分析实战［M］. 北京：清华大学出版社，2022.